JN431325

콘크리트 실무지침 KCI PM115.1-14

수중구조물의 점검 및 보수보강 지침

수중콘크리트구조위원회

사단법인 한국콘크리트학회 Korea Concrete Institute

발간사

올해에 우리 학회는 벌써 창립 25주년이 되었습니다. 그동안 우리 학회는 본연의 역할인 해당 분야의 학문과 기술을 향상시키면서 모범 전문학회로서 크게 성장하여 왔습니다. 특히 지난 학회 20주년을 기념하여 보다 체계적인 참고문헌을 발간하기 위하여 '콘크리트실무지침편찬특별위원회'를 구성하여 전문서적을 꾸준히 발간하여 왔습니다.

이 특별위원회(당시 위원장 김상식 명예회원)는 2009년에 처음으로 구성되어 많은 노력 끝에 2010년 말 처음으로『해양 콘크리트의 염해 내구성 및 설계』,『매스 콘크리트의 온도 균열 제어』,『고유동 콘크리트의 제조 및 시공』,『콘크리트 구조물 이음의 설계 및 시공』,『콘크리트 양생』 등 5권의 실무매뉴얼을 발간한 바 있습니다. 그 후 2011년 특별위원회는 학회 연구전문위원회의 도움을 받아 출판을 기획하여『건축 포스트텐션 시스템』,『PS 긴장재의 시공, 긴장관리 및 그라우팅』,『콘크리트 장기거동 해석 및 적용』,『폴리머 콘크리트 복합체의 제조 및 시공』,『콘크리트 구조물의 방수기술』,『레디믹스트 콘크리트 품질 문제의 원인 및 대책』,『콘크리트 제조, 운반 및 타설』 등 7개의 실무매뉴얼을 2012년에 발간하게 되었습니다. 그리고 2012년, 2013년, 2014년에 각각 6개씩 기획된 18개의 실무지침이 현재 작성 중에 있으며, 이 중에서『국내외 주요 기준의 휨-압축 부재 설계 및 예제』,『콘크리트 구조물의 철근 부식 진단과 방지 대책』,『섬유보강 고인성 시멘트 복합재료의 구조적 이용과 성능 평가』,『프리스트레스트 콘크리트 건축물과 플랜트 구조물의 설계 및 공법』,『수중구조물의 점검 및 보수보강 지침』,『시스템 거푸집의 설계와 시공』 6권을 이번에 발간하게 되었습니다. 지난번 발간사에서도 밝힌 바와 같이 이번 발간물도 마지막이 아니고 앞으로 계속 많은 실무지침을 발간할 예정이며, 이미 발간된 매뉴얼도 계속 수정해 나갈 것입니다. 아무쪼록 집필자들의 노력으로 발간된 각종 실무지침들이 회원과 독자 여러분에게 큰 도움이 되기를 바랍니다.

끝으로 지난 몇 년 간 어려운 여건 속에서도 열심히 노력하시어 실무지침을 작성하여 주신 집필책임자 이재훈 회원, 장승엽 회원, 윤현도 회원, 강현구 회원, 김완영 회원, 정하선 명예회원과 집필위원 여러분에게 감사드리며, 세심한 검토를 해주신 특별위원회 여러 위원님들에게도 감사드립니다.

2014. 12.

사단법인 한국콘크리트학회

콘크리트실무지침편찬특별위원회 위원장 김 진 근

학회 회장(13대) 정 란

머리말

“시설물의 안전관리에 관한 특별법”이 제정 시행 중에 있어 국내 시설물의 유지관리 체계가 제도적으로 확립되었으나 댐, 교량, 항만 등 콘크리트 구조물의 경우 수중부재의 결함을 찾아내고 이를 유지 관리하는 제반 기술적 사항이 미흡한 실정이다. 특히, 콘크리트 구조물의 수중부 점검의 필요성은 시설물의 노후화에 따라 점차 증대되고 있으나 교량과 마찬가지로 수중부재에 대한 점검기준 및 보수·보강에 관한 기술지침이 없는 실정이다.

국내 수중 콘크리트 구조물의 경우 안전점검 및 유지관리 시스템이 확립되지 않아 수중구조물의 점검 시 단지 육안검사에 의한 외관조사만을 실시하는 경우가 대부분이고, 수중 보수·보강 또한 육상시공을 위해 가설비를 설치하거나 소규모의 수중 보수만을 위한 초보적인 단계이다.

따라서 이 지침에서는 수중 콘크리트 구조물의 점검 및 관리방안을 모색하고자 초보적 단계로서의 자료조사 및 자체적인 수중조사를 근간으로 콘크리트 구조물의 수중부 점검지침 및 수중 보수·보강방안을 제시하여 향후 현장의 수중점검 및 수중 콘크리트 보수·보강 등에 기초자료로 활용하는 데 도움이 되고자 수행하게 되었다.

2014. 12.

수중콘크리트구조위원회(KCI 115) 위원장 김 완 영

집필위원

집필책임자	김완영(K-water연구원)
집 필 위 원	원종필(건국대학교), 최세진(원광대학교), 최병한(한국농어촌연구원)

검토위원

검 토 위 원	박홍기((주)태조엔지니어링), 배수호(안동대학교), 한천구(청주대학교)

발간물심의위원회

위 원 장	최재진(공주대학교)
위 원	윤석구(서울과기대), 최광호(남서울대학교), 배수호(안동대학교) 강석화(JNT INC), 김완영(K-water), 원종필(건국대학교) 차수원(울산대학교), 최세진(원광대학교)

실무지침편찬특별위원회(2014.12 현재)

위 원 장	김진근(KAIST)
고 문	김상식(인하대학교), 정영수(중앙대학교), 정하선(한국콘크리트학회 공학연구소)
간 사	배수호(안동대학교)
위 원	김대중(삼성물산(주)건설부문), 김은겸(서울과학기술대학교) 김종호((주)창민우컨설탄트), 박홍근(서울대학교), 박홍기((주)태조엔지니어링) 서석구((주)서영엔지니어링), 신현목(성균관대학교), 연규석(강원대학교) 이광명(성균관대학교), 이재연(목원대학교), 정광량((주)동양구조안전기술) 최동욱(한경대학교), 한천구(청주대학교)

차 례

06 장 콘크리트 구조물의 수중부 보수 · 보강

07 장 강재 구조물의 수중부 보수 · 보강

제 1 장 수중 콘크리트 구조물의 선정기준 및 종류

1.1 수중 콘크리트 구조물의 선정기준

수상에 시공되는 수중 콘크리트 구조물 중 일부는 경제적인 설계 등의 이유로 수중에 기초 토대가 설치된다. 이러한 기초 토대가 지속적으로 침하할 경우, 시설물의 붕괴를 막기 위해 수중조사와 관리기술을 이용하여 시설물의 상태를 안정화 시켜야 할 필요성이 있다.

대부분의 경우, 수상 콘크리트 구조물은 반드시 구조학적, 수리학적, 그리고 지질공학적 측면에서 다양한 평가를 받아야 하므로 수중점검은 수중구조물의 조사에 있어서 단지 한 분야에 지나지 않는다. 또한 다양한 분야에서 전문가들의 의견을 수렴해야 하며, 수중 분야와 이에 상응하는 수준의 지식과 경험을 가진 인원이 취급해야만 정확한 데이터의 수집과 적절한 진단을 도출할 수 있다.

이 지침에서 수중 콘크리트 구조물은 시공상태(기중, 수중 등)에 관계없이 사용할 때 수중에 위치한 콘크리트 구조물을 총칭한다.

1) 선정기준

다양한 요인이 수중 콘크리트 구조물 점검기준에 영향을 미친다. 적어도 모든 구조물은 5년마다 정기검사를 실시해야 한다. 수중검사의 5년 주기는 허용되는 최장기간이며, 이는 수중에서 상태가 매우 양호하고 정적이며 매우 안정적인 환경에 위치한 시설물을 모두 포함한다. 많은 구조물에서 정기검사와 세부검사의 빈도를 높이는 것이 필요할 것이며 위험 구조물에 있어서는 필수적이다. 수중구조물의 소유주는 각각의 시설물에 적절한 검사주기를 결정해야 한다. 검사주기와 검사의 강도를 확립하는데 고려되어야 할 사항은 아래의 사항들을 포함한다.

(a) 시설물의 재령
(b) 건설자재의 유형
(c) 하부구조의 형태
(d) 인접해 있는 수로 지형(waterway feature)
(e) 관리기록
(f) 염수환경
(g) 수로오염
(h) 수상교통, 암설(debris), 또는 얼음 등에 의한 손상

2) 선정된 시설물

수중검사를 요하는 시설물들은 소유 목록에 따라야 하며 개별검사와 목록에 기록되어야 한다. 수중검사가 필요한 각각의 시설물에 대하여 다음의 정보들이 최소한 포함되어야 한다.

(a) 시설물의 유형과 위치
(b) 필요한 검사의 유형과 주기
(c) 검사를 요하는 부분의 위치
(d) 사용될 검사의 절차
(e) 이전 검사의 일시
(f) 특수장비 요구 사항
(g) 이전 검사에서의 검사 결과
(h) 지난 검사에서의 검사 결과에 대하여 취해진 조치
(i) 기초 토대의 유형
(j) 기초 토대 하부의 높이 또는 파일 끝의 높이

1.2 수중 콘크리트 구조물의 종류

수중부에 위치한 콘크리트 구조물은 구조물의 형식, 용도, 재료 등에 따라 그 종류가 다양하며, 점검에 있어서는 각 형식별 특성을 고려해야 한다.

이 지침에서는 수중부에 해당하는 콘크리트 구조물을 다음과 같이 분류한다.

1) 댐
   (1) 댐체 상류(콘크리트댐의 경우)
   (2) 여수로(접근수로, 웨어부, 하부 포함)
   (3) 정수지
   (4) 방수로
   (5) 취수탑

2) 교량
   (1) 교각 및 교대 구체
   (2) 기초

1) 댐

수중부에 위치한 댐 시설물의 구조는 댐체 상류, 여수로의 접근수로, 웨어부 및 하부, 정수지, 방수로 및 취수탑이 있으며, 이들 요소는 댐에 저장된 물의 압력 및 하중을 지반으로 전달하는 역할을 하며 댐 전체 구조의 안전성에 중요한 역할을 수행하는 댐 시설물이다. 일반적으로 이러한 댐 수중부의 구조물은 육안점검이 불가능한 경우가 많기 때문에 점검을 소홀히 하는 경우가 있는데, 구조물 형식에 따라서는 하부구조에 발생한 손상이 댐 전체의 안전에 중대한 문제를 발생시키는 경우도 있기 때문에 점검에 특별한 주의가 필요하다. 특히 수중부에 위치한 구조물은 육상부에 위치한 구조물에서 발생할 있는 손상 이외에도 유속에 의한 기초 세굴이나 부재의 침식, 수분에 의한 철근부식 등과 같은 환경요인에 의한 손상이 발생할 수 있다.

(1) 댐체 상류

댐체 상류의 종류로는 재료별로 콘크리트식, 사력식, 흙식, 목재식, 복합식 등이 있으며, 이 중 콘크리트는 콘크리트 중력댐을 비롯하여 표면 차수벽 콘크리트댐(CFRD : Concrete Faced Rock-Fill Dam)과 롤러 다짐 콘크리트댐(RCD : Roller Compacted Dam)) 등을 포함하며, 댐 상류에 콘크리트를 사용하는 경우로서 일부는 하류의 콘크리트 수중부도 적용한다. 댐체 상류에는 주로 표면균열과 같은 손상이 발생한다. 표면균열은 콘크리트의 경화수축, 건조수축, 온도변화 등의 영향으로 생기지만, 이러한 현상은 콘크리트 고유의 성질로서 균열이 비진행성일 경우에는 댐체의 안전에 큰 영향을 미치지는 않는다. 그러나 인장측에 발생한 심한 균열과 전단력으로 발생된 균열로 판단되는 것은 주의 깊은 점검을 요한다. 특히 전단균열은 박리로 발전할 우려가 있으므로 점검자는 균열의 발생 원인을 주의 깊게 관찰해야 한다.

이 지침서에서는 이후 댐체 상류의 경우 일부 수중에 접한 하류를 포함하므로 이후 댐체로 칭한다.

(2) 여수로 접근수로

여수로 접근수로의 종류는 댐체와 같이 재료별로 콘크리트식, 사력식, 흙식 등이 있다. 콘크리트식 여수로 접근수로에는 철근의 피복두께 부족, 콘크리트의 타설이음 불량, 구조물의 연결부 불량 등과 같은 시공오차에 의하여 손상이 발생할 수 있으며 특히 단면이 큰 구조물로 다량의 콘크리트를 사용하기 때문에 수축균열의 발생가능성이 크다. 수중부에 있는 여수로의 접근수로는 유속에 의한 침식과 전석, 유목, 유빙, 선박 등의 충돌로 인한 손상이 발생할 수 있다.

이 지침서에서 이후 여수로 접근수로는 여수로로 통합하여 칭한다.

(3) 여수로 웨어부

여수로 웨어부의 형식으로는 월류형과 비월류형이 사용되고 있으며 주로 댐의 수리, 수문, 설계, 비용 등을 고려한 계획 유입 설계홍수량에 맞는 저수용량과 조합에 의해 결정되는 댐의 안전성에 아주 중요한 역할을 수행하는 구조물이다. 주로 재료가 콘크리트로 되어 콘크리트 타설이음 불량, 교각 및 수문과의 연결부 불량, 이음부의 지수재 불량 등의 시공적인 손상과 월류로 인한 침식, 변형 및 균열이 발생할 수 있으며 특히 여수로 접근수로와 마찬가지로 단면이 큰 구조물로서 다량의 콘크리트를 사용하기 때문에 수축균열의 발생 가능성이 크다.

이 지침서에서 이후 여수로 웨어부는 여수로로 통합하여 칭한다.

(4) 여수로 하부

여수로 하부의 종류는 재료별로 콘크리트식, 사력식, 흙식 등이 있는데 대부분은 콘크리트식 및 사력식으로 되어 있다. 여수로 하부에는 방류할 때 발생하는 수격압 및 부압에 의한 세굴로 손상이 주로 발생하며, 특히 단면과의 이음부나 재료가 다른 접속부에서의 손상 가능성이 크다.

이 지침서에서 이후 여수로 접근수로는 여수로로 통합하여 칭한다.

(5) 정수지

정수지는 기능에 따라 도수형과 충격형이 있고 부재별로는 측벽, 하상, 도류벽으로 구분되며 재료별로는 주로 콘크리트이나 암반 및 흙으로 된 경우도 있다. 정수지는 여수로에서 흐름 에너지가 하류 하천으로 방류되기 전에 하천의 손상을 적게 하기 위하여 감세시키는 구조물로서 수심에 의해 감세시키는 도수형과 감세공의 충격에 의해 감세시키는 충격형으로 대별되는데, 큰 동수압과 난류가 발생하기 쉬우므로 낙류 시 진동 및 충격에 의한 구조설계적인 측면이 반드시 고려되어야 한다.

따라서 정수지는 철근의 피복두께 부족, 콘크리트의 타설이음 불량, 구조물의 연결부 불량 등과 같은 시공오차, 큰 단면의 콘크리트 사용으로 인한 수축균열의 발생가능성과 특히 수리학적인 설계로 계획된 낙류지점에 대한 하중의 집중으로 하상 및 측벽의 세굴에 의한 손상이 크다.

(6) 방수로

방수로는 방류통로(sluiceways), 수문 혹은 조절밸브, 말단부 감세공 등의 구조로 되어 있다. 방수로는 저수지로부터 댐 하류로 방류량을 조절하기 위한 구조물로서 관개용수나 전력을 위해 하류에 물을 고속으로 방류하므로 침식, 부식 및 공동현상의 손상이 발생할 가능성이 크다.

(7) 취수탑

취수탑은 방류설비를 위한 취수구조물(intake structure)로서 저수지의 물을 하류로 방류하기 위하여 취수할 때 진동, 온도 차이, 부유물의 유입에 의한 균열, 변형, 박리, 박락 등이 발생할 가능성이 크며, 특히 콘크리트의 신축이음부의 불량으로 인한 손상이 발생할 수 있다.

2) 교량

일반적으로 교량 하부구조는 육안점검이 불가능한 경우가 많기 때문에 점검을 소홀히 하는 경우가 있는데, 교량형식에 따라서는 하부구조에 발생한 손상이 교량 전체의 안전에 중대한 문제를 발생시키는 경우도 있으므로 점검에 특별한 주의가 필요하다. 특히 수중부 에 위치한 교량 하부구조는 육상부에 위치한 구조물에서 발생할 있는 손상 이외에도 유속에 의한 기초 세굴이나 부재의 침식, 수분에 의한 철근부식 등과 같은 환경요인에 의한 손상이 발생할 수 있다.

(1) 교각 구체

교각 구체의 종류로는 벽식, 기둥식, 라멘식, T형, V형, I형 등이 있으며 이 중 벽식교각은 하천부에 주로 적용되고 선박충돌의 위험이 있는 경우에 사용되는 형식이다. 교각 구체에는 주로 표면균열과 같은 손상이 발생한다. 표면균열은 콘크리트의 경화수축, 건조수축, 온도변화 등의 영향으로 생기지만, 이러한 현상은 콘크리트 고유의 성질로서 균열이 비진행성일 경우에는 교각 구체의 안전에 큰 영향을 미치지는 않는다. 그러나 인장측에 발생한 심한 균열과 전단력으로 발생된 균열로 판단되는 것은 주의 깊은 점검을 요한다. 특히 전단균열은 박리로 발전할 우려가 있으므로 점검자는 균열의 발생 원인을 주의 깊게 관찰해야 한다.

이 지침서는 이후 교각 구체는 교각으로 칭한다.

(2) 교대 구체

교대 구체의 종류는 중력식, 역T형식, 부벽식, 마렌식, 박스형 등이 있다. 교각 구체에는 철근의 피복두께 부족, 콘크리트의 타설이음 불량, 구조물의 연결부 불량 등과 같은 시공오차에 의하여 손상이 발생할 수 있으며, 특히 단면이 큰 구조물로 다량의 콘크리트를 사용하기 때문에 수축균열의 발생 가능성이 크다. 수중부에 있는 교대 구체는 유속에 의한 침식과 전석, 유목, 유빙, 선박 등의 충돌로 인한 손상이 발생할 수 있다.

이 지침서에서 이후 교대 구체는 교대로 칭한다.

(3) 기초

교량의 기초형식으로는 직접기초, 말뚝기초, 케이슨기초가 대표적으로 사용되고 있으며 주로 유심의 이동에 의한 하상의 저하와 세굴이 직접적인 손상의 원인이 된다.

제 2 장 손상의 종류와 원인

2.1 일반사항

수중 점검자는 수중 콘크리트 구조물의 손상 종류와 원인에 대해 숙지하고 있어야 한다.

수중부 콘크리트 구조물은 육상부에서 발생하는 일반적인 손상 이외에도 수분의 침투에 의한 손상, 화학물질에 의한 부식, 유속에 의한 침식, 세굴 등과 같은 다양한 손상이 나타난다. 점검자가 일반 육상부 구조물에 대한 지식만을 가지고 있다면 수중부에 대한 원활한 점검을 수행하기 힘들다. 따라서 수중부 콘크리트 구조물을 정확히 점검하고 안전성 및 사용성을 확보하기 위해서는 점검자가 수중부 손상에 대한 지식을 사전에 충분히 숙지하고 있을 필요가 있다.

2.2 손상의 분류 및 원인

수중부 콘크리트 구조물에 발생하는 대표적인 손상 유형은 다음과 같다.

(1) 댐체 및 취수탑 : 균열, 박리, 파손, 철근 노출 및 절단

(2) 여수로, 감세지 및 방수로 : 세굴, 침하, 공동현상, 철근 노출 및 절단

(3) 교각 및 교대 : 균열, 박리, 파손, 철근 노출 및 절단

(4) 기초 : 세굴, 침하, 파일 손상

수중부 콘크리트 구조물은 물의 물리적 · 화학적 작용, 기상작용, 파랑이나 표류 고형물에 의한 충격이나 마모 등 각종 유해한 작용에 의하여 손상이 발생할 수 있다.

손상이 발생하는 원인은 크게 두 가지로 구분할 수 있다. 하나는 구조물이 노출되어 있는 외부환경에 의한 손상이고 다른 하나는 구조물 자체의 내적 요인에 의하여 시간의 경과에 따라 발생하는 손상이다.

먼저 손상의 외적인 요인으로는 물리적 · 화학적 · 기계적 요인들이 있을 수 있는데, 이는 외기에 의한 영향과 극단적인 온도변화, 마찰, 전기 · 화학적 작용의 발생, 그리고 자연적인 혹은 공업적인 액체, 기체에 의한 영향 등에 의하여 발생하는 손상을 의미한다. 특히 수중에 위치한 댐 시설물의 경우에는 주변 환경에 따라 주로 발생하는 손상이 다르다.

대기 중에 노출되어 있는 콘크리트 구조물은 수분의 동결융해 작용과 철근의 부식에 의한 손상이 발생하기 쉽다.

물보라지역에 있는 콘크리트 구조물은 수분의 동결융해 작용과 철근부식뿐만 아니라, 건습의 반복에 의한 균열과 박리의 발생 가능성이 높으며 화학적 침입에 의해 부분적으로 나타난다. 미세균열과 화학적 침입에 의해 약해진 콘크리트는 실질적으로 파도작용과 모래, 자갈, 얼음 등의 충격에 의해 쉽게 부서지기 때문에 가장 심각한 손상은 바로 이 부분에서 발생한다. 반면, 완전히 수중에 잠긴 부분은 산소의 부족으로 부식은 거의 발생하지 않으나 단지 수중 화학성분에 의한 화학적 침입을 받기 쉽다.

손상의 내적인 요인으로는 알칼리 골재반응, 시멘트 경화체와 골재의 열적 특성 차이에 따른 체적변화, 콘크리트의 투수에 의한 손상 등을 들 수 있다. 이러한 손상은 콘크리트에 작용하는 수분과 밀접한 관련이 있으며, 콘크리트의 투수성은 외부작용에 대한 콘크리트의 취약성을 결정하는 주된 요인이 된다. 따라서 손상에 대하여 저항력을 가지는 내구성이 높은 콘크리트가 되려면 콘크리트가 반드시 수밀해야 한다고 볼 수 있다.

구조물의 손상은 일반적으로 한 가지 원인에 의한다기보다는 여러 요인들의 복합적인 상호작용에 의해 더욱 심화될 수 있으므로, 여러 원인들의 종합적인 검토와 아울러 상호 연관성에 대한 고찰이 필요하다.

1) 기둥 및 측벽(교대 및 교각)의 손상

콘크리트는 압축강도에 비해 인장강도가 상대적으로 낮은 재료적 특성을 가지고 있다. 따라서 대부분의 경우 철근이나 강선을 이용해서 부족한 인장강도를 보강하여 구조재료로 사용한다. 인장강도가 낮은 콘크리트의 특성 때문에 거의 대부분의 콘크리트에서는 균열이 발생하고 있으나, 진행성이 아니고 균열의 폭이 그다지 크지 않다면(0.3mm 이하) 구조적으로 안전에 크게 위해하지는 않다. 그러나 댐 시설물 중 차수벽과 같이 물을 차단하는 구조물일 경우에는 반드시 균열에 대한 댐의 안전성을 점검해야 하므로 균열에 대한 위해 여부는 댐 시설물의 용도에 따라 다르게 적용해야 할 것이다.

균열은 매우 다양한 원인에 의해 나타난다. 콘크리트에 균열이 발생하는 원인을 간단하게 정리하면 다음과 같다.

(a) 온도변화 : 콘크리트 부재의 온도변화에 의한 수축과 팽창으로 콘크리트의 부피가 변화하면서 균열이 발생한다.

(b) 하중작용 : 구조물에 작용하는 하중작용에 의해 주로 인장영역이나 전단영역에서 균열이 발생한다.

(c) 철근부식 : 철근이 부식되면서 팽창압에 의한 균열이 발생한다. 이 균열은 박리나 탈락으로 발전할 가능성이 크다

(d) 기타 : 동결융해작용이나 건습작용의 반복, 화학적 작용에 의해서도 미세균열이 발생한다.

구조적으로 완벽한 강도를 발현하기 전에 발생하는 초기 균열은 콘크리트 구조물로 수분이나 산소와 같은 물질이 침투하는 경로를 제공하게 되어 철근부식과 박리로 이어지는 보다 심각한 2차 손상의 원인이 될 수 있으므로, 점검자는 균열의 특성과 원인을 정확히 판단하여 조치를 취해야 한다.

한편 박리는 철근의 부식으로 콘크리트의 표면이 떨어지는 손상으로 철근의 녹에 의한 콘크리트의 내부압력에 기인한다. 일반적으로 수중 콘크리트에 발생하는 박리의 발생 메커니즘도 대기 중에 있는 콘크리트의 발생 메커니즘과 같다.

파손은 외부의 힘에 의해 콘크리트 단면의 일부가 손실된 손상을 의미한다. 여기

서 외부의 힘은 유목, 유빙, 선박 등의 충돌을 의미하여 파손은 흐름에 의해 콘크리트가 침식되는 것을 포함한다.

박리는 일반적으로 다음과 같은 순서로 진행된다. 건조수축이나 외부적인 손상 등으로 발생한 균열이나 콘크리트에 자연적으로 발생한 미세공극 등을 통해 콘크리트 표면부터 수분과 산소가 침투하게 되고 그로 인해서 철근의 부식이 이루어진다. 부식된 철근은 녹으로 부피가 팽창하게 되고 팽창압을 발생시킨다. 이 팽창력으로 콘크리트가 떨어져 나가는 박리가 발생하게 되며 점차 진행되어 탈락하게 된다. 박리가 발생한 부분에서는 철근이 노출되고 이로 인해 손상이 점차 가속화되며 박리면적이 점차 넓어지게 된다. 수중부 콘크리트 구조물의 경우에도 이와 같은 발생 메커니즘에 있어서는 차이가 없지만 수중환경의 특징으로 인해서 박리가 가속화 될 수 있다. 침식이나 반복적인 건습작용은 수분과 산소가 침투할 수 있는 경로를 제공하게 되며 수중의 화학성분은 부식이 진행되는 화학작용을 가속화시키기 때문이다. 또한 조류나 유수는 초기에 형성된 부식 보호막을 제거하여 부식을 가속화시키며 결빙으로 인한 작은 균열들 또한 박리를 가속화시키고 확장시키는 원인이 된다. 표면의 콘크리트가 떨어지기 전에 내부에서 철근과의 박리가 발생한 경우에는 점검 시에 점검용 망치로 두들겨 소리를 듣고 손상 유무를 판단한다. 일반적으로 박리는 내부 철근의 부식에 의해 발생하지만 신축조인트에 시공되는 지수재(팽창성)나 시공 후 남겨진 철제 거푸집의 강봉에 의해서도 발생하므로, 시공시 제거되지 못한 강봉들은 부식에 노출되지 않도록 철저히 마무리해야 한다.

파손은 주로 홍수 때 떠내려 오는 부유물이 구조물에 충격을 가하여 발생하게 되며 선박의 충돌에 의해서도 발생한다. 특히 동절기에는 유빙에 의한 파손이 심각하게 발생될 수도 있다. 유속이 빠른 곳에서는 흐름의 침식에 의해 파손이 발생한다. 침식은 수중부 구조물에서 발생하는 파손의 대표적인 손상 원인으로서 하상면의 세굴과는 의미가 다르다. 세굴은 구조물의 지지력을 감소시키지만 침식은 콘크리트의 단면이 축소되는 것을 의미하여 곧바로 하부구조의 내하력을 저하시키는 결과로 나타나므로 주의 깊게 점검해야 한다.

2) 기초(바닥)의 손상

세굴이란 흐르는 물의 침식작용에 의한 결과로서 하상 바닥이나 제방으로부터 파인 물질이 이동되는 현상으로 정의되며 하상 재료의 구성에 따라 서로 다른 세굴 양상을 보여준다. 예로서 느슨한 입자의 토양은 유수에 의해 세굴이 급격히 일어나지만, 점착성이 있거나 다져진 토양은 세굴의 진행이 상대적으로 늦게 진행된다. 그러나 점착성 혹은 다져진 토양의 경우도 최종적인 세굴깊이(최대 세굴심도)는 사질하상과 같은 정도의 세굴깊이를 갖는다. 또한 시간적으로도 모래와 자갈로 이루어진 바닥은 몇 시간 안에 최대 깊이까지 도달하게 되지만 점착성이 있는 바닥은 수일만에, 빙하점토·사암·이판암은 수개월, 콘크리트와 석회암은 수년, 단단한 화강암은 수세기에 걸쳐 최대 깊이까지 도달하게 된다.

하천에서의 세굴은 시간에 따라 장기적인 변화와 단기적인 변화로 구분할 수 있다. 장기변화는 하상의 상승이나 저하로 하천과 유역의 수리특성과 하천 단면변화와 관련이 있고, 단기변화로는 문비(gate)조작의 미숙이나 인공구조물에 의한 하천 내의 통수단면적이 축소되어 발생하는 세굴이 있다. 또한 국부세굴은 흐름 속에 설치된 구조물에 의한 흐름의 간섭에서 발생한다. 따라서 세굴을 장기 하상변동, 단면축소세굴, 국부세굴의 세 가지 형태로 나누어 평가하는 것이 일반적이다.

제 3 장 수중구조물 점검 및 손상 평가

3.1 점검의 범위

구조물의 안전성을 확보하기 위한 수중부 콘크리트 구조물의 점검은 다음과 같은 범위를 대상으로 수행한다.

(1) 수중에 설치된 기둥, 측벽, 기초 및 교대(교각)

(2) 수중부 하부구조 주변의 하상 또는 바닥면

(3) 세굴방지공 또는 보강된 부위

수중부에 위치한 구조물만을 점검하는 것으로 수중 콘크리트 구조물 전체의 안전성을 판단하기에 부족하다. 수중점검은 수중에 잠긴 부위뿐 아니라 수중과 대기의 접합면(수면경계부)에 대한 점검도 포함한다. 또한 기둥, 측벽, 기초 및 교대(교각)는 지반과 직접 연결되는 부재로 충분한 깊이를 가지고 하중이 지반으로 제대로 전달되고 있는지를 점검하기 위해 하상면에 대한 점검도 수중점검에 포함한다. 콘크리트 구조물의 수중부에 세굴방지공이 설치되어 있거나 이전에 보수·보강을 실시했던 경우에는 이들에 대한 점검도 수중점검에 포함하여 보수효과가 제대로 발현되고 있는지도 점검해야 한다.

3.2 점검 절차

수중부 콘크리트 구조물의 점검은 다음 절차에 따라 수행한다.

(1) 대상 시설물 선정

(2) 자료조사

(3) 점검계획 수립

(4) 현장점검 및 결과 정리

(5) 구조물 상태 평가

3.3 자료조사

수중부 콘크리트 구조물의 점검에 앞서 개별적인 점검대상 시설물들에 대해 다음과 같은 정보를 수집해야 한다.

(1) 구조물의 형식과 위치

(2) 점검의 빈도

(3) 점검 부재의 위치

(4) 점검 절차

(5) 이전 점검날짜

(6) 필요 특수장비

(7) 최종점검 시에 발견된 사항 및 후속조치

(8) 단면형식 및 바닥면의 높이, 수위면의 높이

수중점검은 대부분 특수한 점검장비와 많은 비용이 소요되므로 점검을 효과적이고 경제적으로 수행하기 위해서는 사전조사가 필수적이다. 지료조사를 통해서 현장에 가장 적합한 장비를 미리 선정할 수 있으며 대략적인 점검인원을 파악할 수 있게 되어 점검비용을 절감할 수 있다. 또한 사전답사를 하는 동안 댐 시설물 관리자 또는 점검자는 다음의 사항들을 조사하여 점검방법을 결정한다.

(a) 수중에 있는 콘크리트 구조물의 규모

(b) 수중부 점검방법

(c) 수심측정용 줄이나 설계도를 이용한 대략적인 수심

(d) 대략적인 유속

3.4 점검계획 수립

점검계획에는 다음 사항들이 포함되어야 한다.

(1) 공용연수

(2) 시공재료의 종류

(3) 구조물의 형상

(4) 수로의 특징(댐, 제방 등)

(5) 하상재료의 세굴에 대한 반응 정도

(6) 유지관리 이력

(7) 수중환경 및 오염 정도

(8) 선박이나 부유물, 얼음덩어리 등에 의한 파손 유무

점검계획에는 구조물의 형식과 특성은 물론이고 주변 수중의 환경이나 수위와 유속 등도 신중히 고려되어야 한다.

유속과 수위가 심하게 변하는 지역에서는 최저수위일 때 점검하는 것이 유리하다. 최저수위일 때에는 댐 시설물이 수상부로 최대한 노출되어 시간이 많이 소요되는 수중점검 부위를 최소화 할 수 있으므로 신속한 점검이 가능하게 된다. 그러나 수심이 낮아진 때라 하더라도 경우에 따라서는 물의 혼탁으로 인해서 수중의 가시거리 확보가 어려울 수도 있으므로 가시거리가 확보될 수 있는 시점에서 점검할 수 있도록 계획을 세워야 한다. 기상조건에 따라서 우천 시나 흐린 날에는 수중에서의 가시거리가 더욱 짧아지게 되므로 날씨가 좋고 수면이 잔잔할 때에 점검하도록 한다.

또한 수중 콘크리트 구조물 검사의 계획 수립은 매우 중요하며, 다음 사항을 고려한다.

(a) 다이빙 중에 발견될지 모르는 알려지지 않은 요소들
(b) 검사의 면밀함을 확인하는 데 어려움이 있는 시설물의 관리자
(c) 수중검사의 비용산출

이러한 사실들은 이후에 실시될 검사의 기준점을 제시해야 하는 첫 번째 검사(목록검사)에 큰 영향을 끼친다. 그러므로 검사가 첫 번째 검사인지 아닌지를 구분하는 것은 매우 중요하다. 수중검사의 효과는 아래의 모든 점을 적절히 고려함으로써 좌우된다.
(a) 수중검사의 방법
(b) 다이빙 검사의 강도 수준
(c) 검사의 유형
(d) 엔지니어 다이버-검사자의 검증

조사기관에서는 위의 모든 요건을 고려하여 한 단계 낮은 검사를 선택할 수도 있다. 시설물의 상태와 발견된 손상의 유형에 따라 더 높은 수준의 검사가 실제적인 시설물의 상태를 결정하기 위해 실시될 수 있고, 같은 시설물의 위치에 따라 각각 다른 수준의 검사를 실시해야 할 경우도 있다.

3.5 점검수준

수중점검은 책임기술자의 판단에 따라 다음의 세 단계 수준 중에서 적합한 것을 선택·조합하여 실시한다.
(1) 1단계 : 일반조사
(2) 2단계 : 정밀조사
(3) 3단계 : 고도정밀조사(장비를 이용한 점검 포함)

수중의 점검은 육상부와는 달리 많은 시간과 노력이 요구된다. 수중점검의 수준은 대상 구조물의 상태 외에도 점검자의 수중점검 경험과 숙련도나 수중의 환경 등과 같은 여러 인자를 고려하여 책임기술자가 결정한다.

수중점검은 세 단계의 수준을 조합하여 수행하며 각 수중점검 수준의 내용은 다음과 같다.

(1) 1단계 수중점검

1단계 수중점검은 대상 구조물의 수중부 모든 부위를 점검한다. 1단계 점검에서는 구조물의 현재 상태를 준공 도면과 비교, 확인하거나 후속 조사의 수준을 결정하기 위한 초기 정보를 입수하고자 할 때 실시한다. 1단계 수중점검은 점검자나 잠수부의 육안이나 촉감으로 감지할 수 있는 명백한 손상을 탐지한다. 1단계 점검에서는 점검 대상 구조물을 청소하지 않고 점검한다.

(2) 2단계 수중점검

수중 생장물 등에 의해 은폐되었을지 모르는 손상을 탐지하기 위해 실시한다. 1단계 수중점검에 비해 보다 세밀한 점검이 필요한 경우에 실시한다. 2단계 수중점검은 구조물의 위험부위에 대해서 수중 생장물을 제거하고 청소를 실시한 후에 점검한다. 위험부위를 적절히 판단하지 못하는 경우라도 전체 점검대상 중에 최소 10%의 표본에 대해서 점검한다. 일반적으로 수중부 콘크리트 구조물의 위험부위는 저수위 때의 수위부분, 저면(mud line) 또는 두 경계의 사이부분이다. 구조물의 형태에 따라 다음과 같은 최소면을 점검할 필요가 있다.

(a) 사각 : 최소 3면 점검

(b) 팔각 : 최소 6면

(c) 원형 : 최소 원주의 3/4

(d) H형 : 최소 플랜지 외면과 복부 중 한면

(3) 3단계 수중점검

3단계 수중점검은 구조물 내부에서 발생한 손상이나 단면결손을 탐지하기 위해 실시한다. 추정되는 결함이나 손상에 따라 조사에 필요한 장비를 이용하며 필요에 따라 비파괴 시험이나 부분적인 파괴 시험을 실시한다.

3.6 점검의 종류, 주기 및 항목

> 수중부 콘크리트 구조물에 대한 점검의 분류 및 각각의 점검주기는 「안전점검 및 정밀안전진단 지침」을 따른다. 단, 정기점검에서는 수중점검을 반드시 실시할 필요는 없다.

수중부 콘크리트 구조물의 점검 종류와 주기는 「안전점검 및 정밀안전진단 세부지침」을 따른다. 그러나 수중조사는 그 절차가 복잡하고 장비 없이 육안점검만으로는 점검이 불가능하기 때문에 특별한 경우를 제외하고는 정기점검에서 수중부 점검을 실시할 필요는 없는 것으로 한다.

수중부 콘크리트 구조물 점검의 종류를 간략하게 설명하면 다음과 같다.

(1) 정밀점검

정밀점검은 1단계 수중점검으로 전체 대상 구조물을 점검하고 필요하다고 판단되는 경우에는 위험부위에 대해서 2단계 수중점검을 실시하는 것으로 한다. 또한 정밀점검은 기초적인 세굴에 대한 조사를 포함한다. 정밀점검의 결과는 다음 단계의 점검이 필요한지와 정밀안전진단이 필요한지를 판단하는 기준으로 사용된다.

(2) 정밀안전진단

정밀안전진단은 가능한 손상의 원인, 손상의 범위, 구조물의 안전성 및 사용성을 파악하기 위한 것으로 「안전점검 및 정밀안전진단 세부지침」에 명시된 경우 외에 다음과 같은 경우에 책임기술자의 판단에 따라 정밀안전진단을 실시한다.

(a) 정밀점검의 결과로부터 필요하다고 판단될 때
(b) 구조물의 수명이나 성능에 중대한 영향을 미치는 손상이 있는 주요구조물
(c) 과응력의 징후가 발견되었을 때
(d) 수상부 구조물의 교체가 계획되었을 때

정밀안전진단은 2단계 수중점검과 한정된 범위의 3단계 수중점검을 포함한다.

(3) 긴급점검 및 수시점검

긴급점검은 자연재해와 같은 돌발적인 손상이 발생했을 때나 관리주체가 필요하다고 판단된 때에 실시한다. 또한 정밀점검만으로는 급격히 변화하는 구조물의 상태를

알 수 없다고 판단되는 경우에는 정밀점검보다 주기를 짧게 하여 수시점검을 실시할 수 있다.

다음과 같은 상황에서는 긴급점검을 실시하도록 한다.

(a) 홍수 : 수위의 급상승으로 인한 급류 및 급격한 방류로 인하여 홍수 때 세굴이 발생할 수 있다.

(b) 선박충돌

(c) 얼음덩어리 : 얼음덩어리는 구조물에 직접적인 손상을 줄 수도 있으며 침적될 경우 세굴을 가속화시킬 수 있다.

(d) 문비가 설치된 교각이나 교대, 옹벽 : 통수 시 급격한 유속의 증가로 세굴 가속화 위험이 있다.

(e) 결함이나 침하의 징후 : 많은 수중부 콘크리트 구조물의 결함은 수상부의 결함으로 나타나게 된다. 따라서 육상부에 수중부 결함으로 추정되는 징후가 발견되면 수중부에 대한 긴급점검을 실시한다.

다음의 경우에는 점검주기를 짧게 하여 다음 정밀점검 주기 전이라도 수시점검을 실시할 필요가 있다.

(a) 선박 프로펠러에 의한 영향을 많이 받는 구조물 : 선박의 프로펠러는 난류를 발생시켜 세굴을 가속화시킬 수 있다.

(b) 오염되거나 소금기 있는 물에 있는 구조물 : 물에 포함된 여러 가지 화학성분은 구조물의 손상을 가속화시킨다.

(c) 중요한 곳에 설치된 콘크리트 구조물 : 콘크리트 구조물의 붕괴로 오는 경제적 손실이 매우 큰 시설물의 경우에는 점검주기를 짧게 한다.

(4) 정밀점검 항목

수중부 콘크리트 구조물에는 육상부에서 발생하는 일반적인 손상 원인 이외에도 수중환경의 특이성으로 인한 손상이 발생한다. 특히 유수에 의한 구조물의 침식이나 수중의 여러 가지 화학성분과 수중 생장물로 인한 화학적, 미생물학적 손상도 나타난다. 따라서 점검할 때에는 부재에 침식과 같은 파손이나 철근 노출이 있는지, 화학적 작용에 의한 균열 등이 발생하는지를 유심히 관찰해야 한다.

균열은 거의 모든 콘크리트에서 발생한다. 콘크리트는 압축강도에 비하여 인장강도가 작기 때문에 온도변화에 의한 수축, 팽창작용으로 균열이 발생한다. 균열은 또한 하중작용이나 철근의 부식, 구조물의 침하와 같은 원인으로도 발생한다. 균열은 초기 손상으로 수분 침투에 의한 철근의 부식을 가속화시키며 박리나 파손의 징후로 나타나므로 주의 깊게 조사되어야 한다.

박리, 파손은 철근의 부식으로 콘크리트 표면이 떨어져 나가는 것을 의미한다. 건조수축이나 외부 충격하중 등으로 콘크리트 표면에 균열이 발생하게 되면 철근으로 수분과 공기가 통하게 되어 철근이 부식된다. 강재가 부식되면 부피가 팽창하고 이 팽창압이 콘크리트 덮개의 일부를 탈락시킨다. 이 과정으로 철근의 부식이 가속화되고 더 넓은 범위의 탈락이 이어진다. 수면에서는 이러한 박리, 파손을 촉진시키는 요인이 특히 많다. 수면에서의 침식과 건습 반복작용은 수분과 산소가 철근에 도달할 수 있는 초기 경로를 제공하며 해수나 화학성분을 가진 물은 부식에 필요한 화학작용을 촉진시키게 된다. 또한 수분이 동결하면서 발생시키는 미세균열도 이러한 손상 과정을 가속화 시키게 된다.

수중점검에 있어서 주의 깊게 관찰되어야 할 손상은 유수에 의한 하상부의 세굴과 침하이다. 일반적으로 두 손상은 육안으로 판단할 수 없으므로 점검 시에 세굴의 깊이와 침하의 진행 정도를 알 수 있는 표시를 해 두고 점검한다. 즉, 점검자는 최초 점검 시에 하나의 기준점을 잡고 매 점검 때마다 그 기준점에 대한 값을 측정함으로써 세굴이나 침하의 진행성 유무를 기록해야 한다.

3.7 수중안전점검 및 정밀안전진단 검사의 유형

어떠한 콘크리트 구조물에서 검사가 필요한지를 결정하기 위해서는 관할기관의 목록에 있는 모든 시설물에 대한 포괄적인 검토가 필수적이다. 콘크리트 구조물에 대하여 환경적 상태와 구조물의 구조적 구성의 조합은 검사 요구사항에 큰 영향을 미친다. 일반적으로 아래와 같은 다섯 가지 검사 유형이 있으나 일반적인 수중검사는 정기검사와 세부 정밀검사 두 가지이다.

(1) 목록검사

(2) 정기검사

(3) 손상검사

(4) 세부 정밀검사

(5) 중간(임시)검사

1) 목록검사

목록검사는 콘크리트 구조물의 첫 번째 검사로써 구조물 목록의 일부분이 된다. 또한 구조물의 구성에 변화가 있을 때 실시된다(길이, 폭 연장, 보강 등). 목록검사는 완전히 기록을 남겨야 하며 세굴 분석을 포함해 적재하중의 분석이 이루어져야 한다.

목록검사에는 두 가지 목적이 있다.

(a) 구조물의 목록과 평가 데이터의 수집

(b) 건설 직후의 상태 확립

목록검사의 두 번째 중요한 부분은 시설물의 상태 확인과 현존하는 문제점과 잠재적 문제점을 가지고 있는 위치의 확인과 목록 작성이다.

계획 수립에서의 세부 사항 검토를 통해 수중부분에 특별한 주의를 기울여 조사를 실시한다.

2) 정기검사

정기검사는 규칙적인 일정에 맞춰 실시하는 검사로써 충분한 관찰과 구조물의 물리적, 기능적 상태를 측정하여 목록검사에서 얻어진 검사 결과에서 어떠한 변화가 있는지 확인하고 구조물의 안정성을 확인하기 위함이다.

(1) 정기검사 내용

정기점검의 개요를 정리하면 표 3.1과 같다.

표 3.1 **정기점검의 개요**

조사목적	구조물의 수상부 전반에 대하여 일상적으로 수행하는 안전점검 형태이며 육안조사로 외관 상태의 변화를 파악하고 필요한 조치를 취하고자 함
조사주기	1회/6개월
조사대상	특별법에 의하여 지정된 구조물의 접근 가능한 저극조위 상부
조치사항	긴급 점검 필요 여부 결정 긴급 보수사항 보고 일상 보수사항 조치

(2) 수상부에서 조사 범위

정기점검은 일반적으로 관리주체가 실시한다. 정기점검의 범위는 육안조사를 중심으로 간단한 조사기구를 사용하여 점검자가 접근 가능한 수상부의 외관 상태를 관찰하는 수준으로 시행한다. 조사는 구조물 전반에 대해 정밀한 조사를 실시하지 않고 신속하게 외관조사를 실시하는 것을 원칙으로 하며, 조사선을 이용하여 잔교 하부의 바닥판, 보 및 말뚝 등의 외관 상태를 육안이나 망원경 등으로 관찰하도록 한다.

(3) 상태 평가

정기점검은 구조물 전반에 대한 일상적인 점검이므로 정밀점검 같이 점검 결과를 이용하여 별도의 상태 평가는 실시하지 않는다. 그러나 이전의 정밀점검 시 기록된 결함사항의 진전이나 변화를 특기 사항으로 기록하고 일상 보수사항이나 긴급보수사항을 보고하며 긴급점검이 필요한지를 결정한다.

(4) 정기점검 기록

정기점검 결과의 기록은 정밀점검 기록장 양식에 준하여 간결하게 조사 사항과 조치내용을 기록한다. 기록장에는 매 반기별 점검된 내용과 특기 사항을 반드시 기록하고 사진으로 남겨두어 정밀점검이나 정밀안전진단을 수행할 때 기본 이력 자료로 참고할 수 있도록 체계적으로 정리해 두어야 한다.

(5) 수중부에서 조사

수중 콘크리트 구조물의 정기검사는 최소 5년에 한번 이상 실시되어야 한다. 수중부분에 부분적 결함을 안고 있거나 불안정한 수로가 있는 구조물은 더 짧은 주기로 검사되어야 한다.

정기검사의 영역은 아래의 사항들을 포함한다.

(a) 레벨1 : 검사를 수중 전체 부분에 실시하여 명확한 문제점을 조사한다.

(b) 레벨2 : 레벨1 검사를 바탕으로 최소 10% 부분을 선정하여 레벨2 검사를 실시한다.

(c) 구조물의 상태 평가에 확인을 더하기 위해서는 부분적인 레벨3 검사를 실시할 수 있다.

다이빙 팀은 아래와 같은 의무사항을 조사한다.

(a) 수로의 바닥과 측면 조사와 세굴을 조사한다.

(b) 수로 바닥의 단면을 조사하여 건설 설계 또는 사전 점검상에서 조사된 단면과 비교·분석하여 수로의 측면 이동이나 침하가 있는지 조사한다.

(c) 각각의 시설물에 대하여 초음파검사를 격자패턴으로 실시하고 구조물의 상류와 하류에 대하여 세굴을 조사한다. 각각의 시설물에 대해 영구적인 참고 마킹을 남겨야 한다.

(d) 각 시설물에 대해 탐침봉으로 부분적인 세굴을 조사해야 한다. 조류의 흐름은 많은 양의 퇴적을 수반하므로 유속이 낮을 때는 세굴의 막힘 현상으로 세굴깊이 측정값이 달라질 수 있다.

3) 긴급 손상검사

긴급 손상검사는 태풍과 같은 자연재해나 돌발적인 사고로 구조물이 심각한 손상을 입었다고 판단되어 긴급하게 점검할 필요가 있는 경우 실시하는 조사이다. 조사는 수상부와 수중부로 나누어 정밀점검과 같은 수준으로 실시하고, 육안조사에 중점을 두어 실시한다. 점검 결과 시급한 보수가 요구되면 긴급 보수조치를 취하고 보다 상세한 조사를 위한 정밀안전진단이 필요한지를 판단한다. 표 3.2에는 긴급 손상검사의 개요를 정리하여 수록하였다.

표 3.2 **긴급 손상점검의 개요**

조사목적	자연재해, 돌발사고 등으로 인하여 구조물이 심각한 손상을 입었다고 판단될 경우 긴급하게 구조물의 상태를 조사하고자 함
조사시기	필요 시
조사대상	필요하다고 판단되는 구조부위
조사수준	수상부 및 수중부에 대해 정밀점검 수준
조치사항	필요시 긴급 보수조치를 취하고 정밀안전진단 필요 여부 결정

콘크리트 구조물에 영향을 미치는 특정한 상황하에서는 환경 또는 인공적으로 야기된 구조물의 손상을 평가하기 위해 추가적인 검사가 필요하다.

이 검사는 비상 하중작용 또는 구조물 통행금지의 결정과 손상부위의 보수·보강의 정도를 판단할 수 있는 충분한 영역의 검사를 실시해야 한다. 이 검사의 강도는 손상 정도에 따라 다양하다. 만일 심각한 손상이 발생했다면 검사자는 단면손상, 구성요소들의 뒤틀림 측정, 그리고 기초 기반부의 손상에 대해 조사하고 평가해야 한다.

긴급 손상검사를 필요로 하는 상황은 아래와 같다.

(a) 홍수 : 하천, 강 그리고 기타 수로지역에 위치하고 세굴이 존재하거나 의심되는 시설물의 요소에 대하여 홍수 이후 매번 시설물 하부의 안정성을 확신할 수 있는 정도의 검사를 실시해야 한다.

(b) 교통수단의 충돌 : 수면 상부에 육안으로 확인할 수 있는 손상을 입은 시설물은 수중검사를 실시해야 한다. 이는 손상의 정도를 확인하고 교통수단의 소유주에 대한 손상 책임의 정도를 판단하기 위함이다.

(c) 선박의 프로펠러 물살 : 이는 세굴을 일으키는 물살을 유발하며 바닥 입자의 굵은 퇴적물이 시설물 하부로 부딪치게 하여 고압 세척기의 사용과 유사한 현상을 유발한다.

(d) 퇴적물 쌓임 : 이러한 퇴적물의 증가는 세굴을 일으키는 수류를 유발하거나 기존의 세굴의 깊이를 증가시킨다.

(e) 노후화의 증거 또는 이동 : 다수의 수중 결함은 피로가 수면 위까지 연장될 때에만 나타나며 측면 이동이나 지반 침하에 의해 나타난다. 또한 지진 이후에 시설물의 수중부분에 대해 검사를 실시해야 한다.

4) 세부 정밀검사

세부 정밀검사는 수중구조물의 소수의 구성요소에 대한 세부적인 검사로써 정기검사만으로는 찾아내기 힘든 결함을 찾기 위해 실시한다. 경우에 따라 수중 비파괴검사를 적용한다. 이 검사는 존재하는 결함 또는 손상의 정도에 따라 시설물의 부위별 잔존 수명을 평가하는 등급평가를 포함할 수 있다.

아래에 제시된 상태 중 한 가지 또는 그 이상일 때에 세부 검사를 필요로 한다.

(a) 정기검사의 결과에서 확실성을 얻을 수 없는 경우

(b) 손상 시 막대한 인명 및 재산피해를 가져올 수 있는 구조물

(c) 구조적 기능이 불확실한 특이한 구조물

(d) 기존의 하부구조를 재활용하여 새로운 상부구조를 지지하기 위해 사용하거나 상부구조의 주요 복원공사가 고려될 때

(e) 염수와 오폐수 같은 유해한 환경

(1) 수상부 세부 정밀점검

수상부 정밀점검의 목적, 주기, 조사대상, 조치사항 등을 정리하면 표 3.3과 같다. 수상부 정밀점검은 콘크리트 구조물의 수상부에 대한 조사를 실시하여 구조물의 상태를 평가하기 위한 정기적인 조사이다.

수상부 세부 정밀점검에서는 전체 구조물을 구조 부재별로 나누어 조사하고 기록·정리한다. 구조 부재에 대한 손상은 구조물의 안전에 영향을 미치므로 각 구조 부재별로 노후화에 대한 상태 평가를 실시하고 상태 등급을 설정하며, 보수 우선 순위에

표 3.3 **수상부 세부 정밀점검의 개요**

조사목적	구조물의 수상부 전반에 대한 조사로 사용 중인 구조물의 외관 상태를 보다 상세히 파악하고 필요한 조치를 취하고자 함
조사주기	1회/2년
조사대상	특별법에 의하여 지정된 구조물의 수상부(저극조위 상부)
조치사항	- 정밀안전진단 필요 여부 결정 - 보수 우선순위(보수 불필요, 일상 보수, 우선 보수, 긴급 보수)에 따라 조치
기 타	매 4년째 정밀점검에서는 수중부에 대한 조사와 함께 실시

따라 보수를 실시하도록 조치한다. 비구조 부재는 직접적으로 구조적인 안전에 영향을 미치지는 않지만 구조 부재의 안전성 확보와 시설물의 사용을 지속적으로 유지하기 위해 문제가 있을 경우에는 신속히 보수 또는 교체할 수 있도록 한다.

시설물의 하부구조와 수중부의 각 구조 부재에 대해서는 노후화 상태에 따라 구조 부재별로 상태 평가 기준에 의해 상태 등급을 정한다.

수상부 세부 정밀점검은 다음과 같은 단계로 수행한다.

(a) 조사구간에 대한 시설물의 스케치 야장 평면 작성
(b) 현장조사 및 기록
(c) 조사자료 분석 및 기록장 정리
(d) 수상부 상태 평가 및 조치 사항 기록

조사 결과 분석내용에는 다음 사항들을 포함해야 한다.

(a) 각종 형태의 결함에 대해 각 구조 부재별로 결함을 지닌 구조 부재의 수와 조사대상 전체 구조 부재에 대한 백분율
(b) 각 구조 부재별로 주요결함을 지닌 부재의 위치
(c) 부식이 집중된 위치
(d) 결함의 크기와 특정 결함 형태가 나타나는 위치
(e) 구조 부재별 상태 등급(혹은 점수)
(f) 구조 부재별 상태 평가를 토대로 한 조사단위 및 전체 구조물의 상태 등급
(g) 평가된 상태 등급에 의하여 결정되는 조치사항

(2) 수중부 세부 정밀점검

수중부 세부 정밀점검의 조사목적, 조사주기, 조사대상, 조사수준 및 조치사항을 정리하면 표 3.4와 같다.

표 3.4 **수중부 정밀점검의 개요**

조사목적	구조물 수중부의 외관 상태를 보다 상세히 파악하고 필요한 조치를 취하고자 함
조사주기	1회/4년
조사대상	구조물의 수중부(저극조위 이하 부위)
조치수준	조사대상 구조물의 수중부 전반에 대해 엔지니어 다이버에 의한 육안조사를 실시하고 선택된 10%의 부재에 대해서는 표면 청소 후 육안조사와 필요시 비파괴조사를 실시
조치사항	정밀안전진단 필요 여부 결정 보수 우선순위에 따라 조치

댐 시설물의 수중부 정밀점검은 구조물에 대한 외관조사를 실시하는 것이 주된 목적이다. 구조물의 손상은 안전에 중요한 영향을 미치므로 손상에 대한 등급을 판정하고 상태평가 결과에 따라 필요시에는 정밀안전진단을 실시하도록 하거나 보수 우선순위에 따라 보수 및 보강 조치를 하도록 해야 한다. 그리고 수중부의 세부 정밀점검은 원칙적으로 엔지니어 다이버를 동원하여 실시하며, 그 과정은 그림 3.1에 보인 바와 같다.

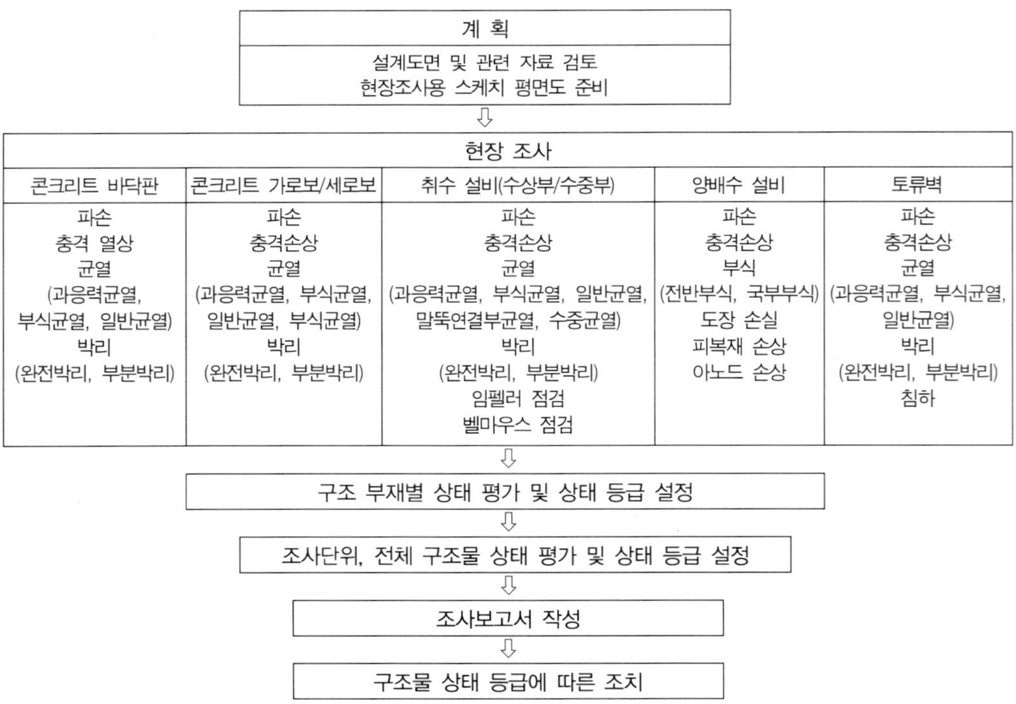

그림 3.1 **수중구조물의 조사절차**

3.8 손상의 판정

점검할 때 손상에 대한 판정기준은 원칙적으로는 「안전점검 및 정밀안전진단 세부지침」을 따른다. 「안전점검 및 정밀안전진단 세부지침」에 정의되지 않은 수중부에서만 발생할 수 있는 손상의 원인에 대해서는 본 지침을 적용한다.

「안전점검 및 정밀안전진단 세부지침」의 판정기준은 표 3.5와 같다.

표 3.5 **콘크리트 구조물(교대)의 상태등급 판정기준**

종합평가등급	종합평가기준
A	문제점이 전혀 없는 상태
B	기능 발휘에는 지장이 없으나 경미한 손상, 결함, 열화 등이 발생하여 내구성 증진을 위해 부분적으로 보수가 필요한 상태
C	전체적으로 시설물의 안전에는 지장이 없으나 보통의 손상, 결함, 열화 등이 발생하여 주요부재의 내구성, 기능성 저하 방지를 위한 보수가 필요하거나 보조 부재에 간단한 보강이 필요한 상태
D	주요부재에 손상, 결함, 열화 등이 발생하여 내하력, 내구성 및 기능성 저하 방지를 위한 대규모의 보수 또는 보강이 필요한 상태
E	주요부재에 심각한 손상, 결함, 열화 등의 발생으로 인해 시설물의 안전에 위험이 있어 사용제한이 시급한 경우로서 임시조치 후 사용하거나 즉각 사용금지 또는 보강, 개축이 필요한 상태

3.9 정밀안전진단 절차

수중부 콘크리트 구조물에 대한 정밀안전진단은 기본적으로 다음의 절차를 따르며 책임기술자의 판단에 따라 조정할 수 있다.

(1) 계획

(2) 정밀점검

(3) 장비점검

(4) 구조물의 안전성 및 사용성 평가

(5) 보수·보강 및 대책 수립

정밀안전진단은 필요하다고 판단되는 부위에 대해서 실시하며 각 손상의 위치 및 규모를 규명하고 원인을 분석하여 구조물의 안전성과 사용성에 미치는 영향을 파악하기 위해 실시한다. 보다 정확한 판단을 위해서는 구조해석을 통해서 구조물을 평가한다. 구조해석을 위한 기본 자료는 비파괴시험이나 부분적인 파괴시험을 통해 얻은 자료를 바탕으로 한다. 정밀안전진단의 보고서에는 반드시 보수·보강 및 개축에 대한 의견서를 첨부해야 한다.

정밀점검을 할 때에는 다음과 같은 기본 보수부위에 대한 점검을 실시하여 보수효과가 충분히 유지되고 있는가 확인해야 한다.

(a) 강재 덮개판
(b) 콘크리트 채움
(c) 에폭시 보수
(d) 콘크리트 충진 또는 자케팅(jacketing)
(e) 부재의 부분교체
(f) 세굴 방지공

3.10 정밀안전진단의 점검 항목

정밀안전진단을 점검할 경우에도 기본적으로 정밀점검 때와 동일한 항목을 점검하며 손상의 위치와 규모, 발생 원인 등을 기록한다. 손상의 측정은 비파괴 시험이나 부분파괴 시험을 이용할 수 있다.

정밀안전진단의 기본적인 정밀점검 범위와 점검내용은 표 3.6과 같다.

표 3.6 **정밀안전진단의 정밀점검 범위 및 내용**

점검 항목	범위 및 내용
균열	위치, 길이, 균열 방향 기록 최대 균열폭 기록 균열 원인 확인
파손	최대 치수 및 위치 기록 철근 노출 유무 기록 파손 원인 확인
침식	위치, 면적, 깊이, 최대 치수 기록 철근 노출개수 확인 노출철근의 잔존 직경 측정
박리	위치, 면적, 최대 치수 기록 철근 위 덮개를 걷어내고 철근의 잔존 직경 측정
세굴	세굴구멍의 형태와 깊이 기초의 노출 여부 측벽 주변 사석(riprap)의 상태 하상재료 표본 채취
침하	최대 침하량 측정 구조물의 경사도 측정 진행성 확인

3.11 수중점검 방법

점검자는 다음과 같은 사항을 고려하여 적절한 점검 방법을 선택해야 한다.

(1) 수심

수심 1m 미만 : 도보점검

수심 1m 이상 : 잠수 장비점검

(2) 물의 투명도

청정수 : 육안점검

혼탁수 : 촉감점검

(3) 유속

빠른 유속에서는 점검자 고정장치 필요

(4) 수중 생장물

제거하기 쉬운 생장물 : 장갑으로 제거

제거하기 힘든 생장물 : 물분사기와 같은 동력장치 이용

(5) 바닥면 상태

(6) 부유물 유무

(7) 구조물 분류

바닥 : 대각선 및 수평 왕복 점검

측벽, 교대 : 수평 후 상승 반복 점검

기둥 : 나선궤도 점검

(8) 점검 방법 선정

수중점검 방법을 결정하는 데 있어서는 구조물의 형태와 수중환경들을 고려해야 한다. 수심이나 물의 투명도 등은 수중점검의 방법 선택에 중요한 변수이다. 물의 투명도는 잠수부의 육안점검에 한계를 줄 수도 있으며 이런 경우에는 잠수부는 육안점검을 대신해서 촉감을 사용한 점검을 실시해야 한다. 일반적으로 잠수부가 팔을 뻗어 구조물을 쓸어내리는 동작으로 수중부 구조물을 점검한다.

유속이 느리고 수심이 낮을 때는 육상부를 점검하는 점검자에 의해 탐침자나 장화만을 이용하여 수중부 구조물의 점검이 가능하다. 수심이 깊은 곳에서는 잠수 장비와 같은 특수한 장비가 필요하게 되고 잠수 자격을 갖춘 점검원이 있거나 무인카메라와 같은 특수 장비가 있어야만 점검이 가능하다. 일반적으로 수심에 따른 점검 방법은 다음과 같이 분류할 수 있다.

(a) 도보점검 : 바지와 붙어 있는 장화를 신고 하천을 보도로 횡단하거나, 소형보트를 이용해서 하천을 횡단하며 탐침막대를 이용해서 하상의 세굴 등을 점검하는 방법으로 특수한 장비나 잠수가 필요 없다. 1m 미만의 낮은 수심에서의 수중부를 점검할 때 사용하는 방법이다.

(b) 스쿠버(SCUBA) 잠수점검 : 점검자가 호흡장비를 갖추고 잠수하여 점검하는 방법으로, 수심이 깊어질수록 수중체류시간이 짧아지기 때문에 일정 깊이 이상에서는 점검을 할 수 없지만 점검자가 수중을 자유로이 이동하면서 점검할 수 있는 장점이 있다. 스쿠버 잠수점검은 반드시 자격을 갖춘 점검원에 의해 이루어져야 한다.

(c) 표면공급식 잠수점검 : 깊은 수심에서 오랜 시간 작업하기 위한 점검 방법으로

공기압축기를 이용하여 공기호스를 통해 잠수부에게 무제한의 공기를 공급해주며 점검하는 방법이다. 이 잠수 방법의 가장 큰 장점은 오랜 시간 깊은 물속에서 작업할 수 있다는 것이며 수중의 환경에 별다른 제약을 받지 않고 오염된 물이나 혼탁한 수중에서도 작업할 수 있다는 점이다. 또한 공기를 공급하는 생명선을 유속이 빠른 곳에서 잠수부를 지탱하는 고정선 역할을 하기도 한다. 반면에 단점은 공기호스나 생명선 때문에 점검자의 행동에 구속을 준다는 것이다.

수심 외에 수중부 구조물에서 생장하고 있는 수중 생장물에 따라서도 점검 방법을 달리한다. 수중 생장물은 점검하려는 구조물의 상태 파악을 불분명하게 할 수 있다. 담수에서는 일반적으로 장갑으로 문지르는 것만으로도 제거가 가능하기 때문에 수중 생장물을 제거하기 위한 별도의 장비를 필요로 하지는 않는다. 그러나 해수의 경우에는 손주걱이나 물분사기 등과 같은 동력공구를 사용해야만 제거할 수 있을 정도로 생장물의 부착력이 크므로 점검 전 청소에도 장비를 동원해야 한다.

잠수 장비와 청소용 장비에 대한 사항은 '제4장 수중점검 장비'를 참조한다.

세굴은 흐르는 물의 침식작용에 의해 하상 재료가 제거되는 현상을 말한다. 세굴이 발생한 구조물에는 세굴에 맞서 돌이나 콘크리트 블록 등을 이용한 사석을 시공해서 구조물 주변의 하상 재료를 보호하기도 한다. 점검자는 하상 재료에 주목해야 하는 것은 물론이고 새로 설치된 사석의 위치와 규모도 파악해야 한다. 이러한 정보를 이용하여 세굴에 의한 손상이 구조물에 어느 정도의 영향을 미칠 것인가를 판단한다. 점검자는 하상 재료를 채취해서 분석하고 탐침막대 등으로 하상 재료와 밀도를 규명해야 한다. 탐침막대로 점검했을 때 하상 재료의 밀도가 다른 부위와 달리 느슨한 곳은 세굴 후 퇴적에 의해 재채움된 부분이므로 퇴적물을 제거하고 세굴깊이를 측정해야 한다.

점검 방법은 수중부 구조물의 분류에 따라서 적절한 방법을 선택하여 사용해야 한다. 수중부 구조물의 분류에 따른 일반적인 점검 방법은 다음과 같다.

(a) 측벽과 교대의 점검 : 잠수부는 가능하다면 육안과 촉감을 이용해서 측벽 주변을 수평으로 이동하면서 점검한다. 점검은 측벽의 최하단부터 시작하며 일정한 높이로 상승하면서 점검한다. 하지만 만일 잠수부와 수면 위가 선으로 연결되어 있거나 표면공급식 잠수 장비를 착용하고 있는 경우에는 수면 위와의 연결선에 대한 고려를 하여 점검한다.

(b) 바닥의 점검 : 바닥의 규모 및 점검의 정도에 따라 점검 방법을 결정하는데, 규모가 큰 경우에는 주로 취약부분인 바닥과 수직부의 접합부 및 수리학적으로 손상

이 가장 심한 부분을 집중적으로 점검한 뒤 대각선 방향으로 수평으로 점검한다. 그리고 규모가 작은 경우에는 위에서 열거한 내용에 추가하여 바닥을 종 · 횡으로 구분하여 수평 점검한다. 정밀진단일 경우에는 좀 더 세밀하게 종 · 횡방향으로 구획을 정하여 점검한다.

(c) 기둥 : 기둥을 나선형으로 주변을 돌면서 점검한다. 잠수부는 한 기둥의 상단부터 아래로 나선형으로 점검한 후 다음 기둥으로 옮겨 위로 나선형으로 점검한다. 만일 수중 가시도가 나쁘면 한 기둥을 위아래로 반복 점검(수압을 고려)하며, 대상 기둥이 근접해서 많을 경우에는 아래에서 수평으로 이동하며 점검한 뒤 일정한 간격으로 상승하여 수평으로 점검한다. 만일 손상이 발견되면 즉시 그것을 기록한다.

표면공급식 장비를 사용할 경우에는 생명선이 기둥에 감기지 않도록 주의하여 점검하며, 점검 방법은 스쿠버 장비를 사용했을 경우와 같은 방법으로 한다.

(d) 점검 방법 선정기준 : 수리 시설물 검사에서 무잠수 방법을 사용할 것인지 또는 다이빙 장비를 사용할 것인지의 결정은 수심이 좌우하는 것만은 아니다. 아래의 요소들이 상관하여 적절한 수중검사 방법을 선정하게 된다.

• 수심
• 수중 시야
• 조류의 유속
• 지반 상태(부드러움, 진흙, 미끄러운 바위)

3.12 수중점검 시 주의사항

수중점검 시에 점검자의 생명과 안전을 지키기 위해 각별히 주의한다. 특히 잠수작업 시에는 잠수와 관련된 질병이 발생하지 않도록 잠수 규칙들을 충실히 지켜야 한다.

수중부 구조물을 점검해야 하는 잠수부의 작업환경은 매우 열악하다. 때로는 어두운 곳, 차가운 곳에서 작업해야 하는 것은 물론이고 압력-감압과 관련된 여러 가지 질병에 노출된 채로 작업해야 한다. 잠수부는 지각능력과 감각이 둔해지는 수중에서 작업하는 동안 외부의 생명유지 도구에 전적으로 의존할 수밖에 없으므로, 수중작업을 효과적으로 수행하기 위해서 잠수부는 환경에 잘 적응해야 하며 점검 전에 반드시 장비의 사용법을 숙지하고 작업에 접근할 방법을 신중히 선택해야 한다. 만일 잠수부가 자신의 생명에 위협을 받는다고 느끼고 있다면 제대로 된 점검을 수행하기 힘들다.

잠수와 관련된 대표적인 질병은 다음과 같다. 수중점검자는 다음에서 언급하는 예방법을 충실히 지켜야 하며 만일 증세가 발견되면 즉시 점검을 중단하고 의사에게 치료받도록 한다.

1) 감압병

감압병(decompression sickness)은 잠수와 같은 높은 압력에 노출된 후 적절한 감압이 이루어지지 않았을 경우 신체 내 조직이나 혈액속에 녹아 있던 질소가 기포화하면서 발생하는 질환이다.

관절 근처 특히 지방조직 내에서 기포가 생성되면 심한 관절통을 일으키고 혈관내에서 발생하게 되면 뇌와 척수부위의 혈액공급을 차단하면서 해당 부위의 신경이 지배하는 사지에 저린 증상, 근력 약화 등을 일으키고 심하면 마비증상까지 나타나게 된다. 또한 폐순환기 내에서 발생한 심한 기포는 심폐감압병을 유발하여 심한 흉통, 기침, 호흡곤란 등을 동반한다.

2) 공기전색증

공기전색증(air embolism)은 잠수부가 숨을 멈추고 급상승하거나 폐질환이 있을 경우에 폐의 국소에 남아 미처 빠져나가지 못한 공기가 상승으로 팽창될 때 폐포가 터지면서 공기가 혈관 속으로 유입되어 일어난다. 공기는 곧바로 심장에서 경동맥을 통해 뇌로 올라가 뇌세포에 산소를 공급하는 작은 혈관을 차단하여 세포가 저산소증에 빠지게 되고 기능을 상실하게 된다. 이렇게 공기전색증은 주로 뇌혈관에 문제를 일으키므로 뇌동맥 공기전색증(arterial gas embolism)이라고도 한다. 그러나 뇌의 공기는 뇌 이외에도 심장근육에 혈액을 공급하는 관상동맥으로도 유입되어 뇌 증상이 없이 흉통을 일으키는 협심증과 비슷한 증상을 나타내기도 한다.

공기전색증은 뇌의 어느 부위 혈관이 막혔느냐에 따라서 팔, 다리의 마비, 근력 약화, 의식불명 등 여러 가지 증상이 나타날 수 있다.

3.13 점검 결과의 기록

점검자는 수중부 콘크리트 구조물의 상태를 기록하며 손상부위에 대한 사진이나 영상자료를 보관한다.

정밀점검에서의 수중점검 결과는 수중부 구조물 점검양식을 만들어 기록한다. 정밀안전진단에서는 수중부 구조물의 도면과 주변의 평면도를 그린 후 손상의 위치나 규모를 직접 기입한다.

전문가가 아닌 잠수부에 의해 수중부를 점검할 경우에는 반드시 손상부위를 수중카메라나 수중비디오카메라를 이용하여 사진이나 비디오로 기록하여 전문가가 이후의 상태를 평가할 수 있도록 해야 한다. 전문가가 잠수할 경우에도 사진이나 영상자료를 남겨 안전성과 사용성 평가의 보충자료로 활용한다.

3.14 주요 손상부에 대한 대책 및 보고

점검자는 수중부 콘크리트 구조물에 발생한 주요손상에 대해서는 관리주체에게 보고하고 적절한 조치를 취해야 한다.

시설물의 안전성과 기능을 유지하기 위해서는 발생한 손상에 대해 즉각 적절한 조치를 취해야 한다. 또한 손상의 예방을 위해서 손상 발생 여부와 관계없이 청소나 부분도장 등의 조치를 취하는 것도 손상조치에 포함된다. 일반적으로 발생하는 수중부 손상에 대한 조치는 수중부 보수·보강에 대한 "수중구조물 진단 및 보수보강 연구(2004, 한국수자원공사)"를 참고로 하여 적절한 방법으로 수행해야 한다.

조치를 취한 뒤에는 반드시 기록으로 남겨 이후 실시하는 점검 때에는 참고해야 한다.

3.15 수중점검을 위한 특별한 고려사항

잠수부는 입수하자마자 환경이 완전히 바뀌게 된다. 시야는 좁아지고 때로는 흙탕물과 깊은 수심 때문에 한치 앞도 보이지 않아 많은 경우 인공 조명이 필요하다. 촉각에 의한 검사는 단순히 특정 요소의 존재 여부를 확인하기 위함이지 상태를 평가하는 데는 적절하지 않은 방법이다. 잠수 중에 잠수부는 지각력이 떨어질 뿐 아니라 운동능력도 떨어진다. 수중구조물 검사자에게 조종능력은 필수적으로 스쿠버 또는 헬멧 다이빙 모두 웨이트를 이용하여 부력을 조절하고 핀으로 추진력을 얻는다.

1) 조류에 대한 조치

대부분의 수로는 검사에 방해가 되지 않게 유속이 느려지는 기간이 있다. 다이빙 검사의 계획 수립에 이러한 기간이 고려되어야 할 대상이다. 엔지니어 다이버는 1.5 knots 이하의 유속에서 비교적 어려움 없이 일을 수행할 수 있다.

조류가 강해지면 특별한 예방책이 필요하다. 가장 쉬운 방법은 엔지니어 다이버를 구속할 수 있는 바닥 앵커를 사용하는 것이다. 조류가 더욱 거세지면 물을 막는 설비나 특수 앵커 시스템이 필요하다.

2) 표류물과 암설에 대한 조치

수중구조물 하부구조에 쌓이는 표류물과 암설은 상당히 광대할 수 있다. 이런 유형은 전형적으로 통나무와 나뭇가지가 얽힌 형태인데 수중구조물 하부구조 앞쪽 또는 사이사이에 발생할 수 있다. 이런 표류물은 하부구조의 아래쪽에 조성되기 때문에 지상에서는 알아내지 못하는 경우가 많다. 이렇게 쌓인 표류물들은 매우 두꺼워서 주요 수중 하부구조에 엔지니어 다이버가 접근할 수 없을 수도 있다.

(1) 감추어진 비용

이런 상태는 종종 보이지 않게 숨겨져 있어서, 표류물과 암설 문제는 수중 시설물 소유주에게 있어 예상치 못한 비용으로 이어질 수 있다.

수중 구성요소의 검사를 지속하기 위해서는 이러한 표류물과 암설은 제거되어야 한다. 이것들은 검사를 통해 일부 제거할 수 있고 크레인, 수중 절단도구 등이 필요할 수 있다.

(2) 과거의 역사

일반적으로 이런 표류물의 퇴적현상은 반복적인 패턴으로 나타난다. 만일 이전에 수중검사가 수행되었었다면 과거 역사를 바탕으로 이들의 정도를 예상할 수 있다. 또한 특정한 하천이나 지역에서는 표류물에 대한 이력을 기록하려는 경향이 있다. 이러한 기록들은 표류물의 존재 여부를 예상하는 데 도움이 된다. 분리된 다이빙 팀으로 다이빙 검사 이전에 표류물 제거를 실시하는 것도 좋은 방법이다.

엔지니어 다이버는 수중 시설물 주변에 쌓인 표류물에 대하여 안전에 관한 관심을 기울여야 한다. 가끔 방대하게 쌓인 표류물에 의해 엔지니어 다이버가 얽히거나 갑자기 움직여서 엔지니어 다이버를 위험하게 만들 수 있다.

3) 청소

내륙의 수로에 존재하는 많은 수중구조물들은 비교적 깨끗하고 수중생물이 없다. 이런 경우 엔지니어 다이버는 가벼운 스크래이핑(긁음) 정도의 작은 노력만으로 검사를 수행할 수 있다.

바닷가 연안의 경우 수중생물들로 인해 하부구조 전체가 가려지고 수십 cm에 이르기까지 두꺼워질 수 있다.

최선의 방법은 작은 범위 안에 청소를 제한하는 것으로서 다음과 같다.

(a) 구조적으로 중요한 부위

(b) 특정 형태의 구조물에 대해 잘 알려진 연약한 부분

제 4 장 수중점검 장비

4.1 점검 장비

수중점검에 사용하는 장비는 휴대장비와 접근장비 및 수중장비, 측정 장비로 구분한다. 각 점검에 사용되는 기본적인 장비는 다음과 같다.

(1) 정밀점검 및 긴급점검

정밀점검 및 긴급점검에서는 일반적인 휴대장비와 접근장비 및 간단한 수중장비를 사용한다.

(2) 정밀안전진단

정밀안전진단에서는 정밀점검에 사용되는 장비는 물론 정밀한 점검을 하기 위한 측정 장비 및 비파괴장비 등의 조사장비를 사용할 수 있다.

점검에 필요한 장비를 각기 용도에 따라 휴대장비와 접근장비, 수중장비로 분류한다. 정밀점검이나 긴급점검 시에는 간단한 장비를 이용해서 점검하며, 정밀안전진단에서는 측정 장비를 이용하여 수중부에 발생한 손상의 규모와 위치를 정확히 파악하도록 하고, 필요한 경우 비파괴장비를 이용하여 손상의 발생 원인을 추적한다. 정밀점검에 사용되는 장비와 정밀안전진단에 사용되는 기본적인 장비를 각각 정리하면 표 4.1, 4.2와 같다.

모든 장비는 수중에서 사용할 수 있도록 방수처리된 것을 사용해야 하며 사용 후 청소 및 관리를 철저히 해야 한다. 특히 수중장비는 수분이나 오염물질에 의해 쉽게 부식될 수 있으므로 수분건조와 오염물질 제거에 주의한다.

표 4.1 **정밀점검 및 긴급점검에 사용하는 장비**

장비 분류	기본장비
휴대장비	망원경, 돋보기, 카메라, 손전등, 점검야장, 필기도구, 줄자, 망치, 쇠솔, 분무페인트, 탐침막대
접근장비	보트, 사다리, 바지장화
수중장비	잠수 장비, 수중음파 측정기, 수중카메라, 수중비디오(또는 수중 CCTV) 청수상자, 표면청소장비, 균열폭확인자, 무인카메라

표 4.2 **정밀안전진단에 사용하는 장비**

장비 분류	기본장비
휴대장비	망원경, 돋보기, 카메라, 손전등, 점검야장, 필기도구, 줄자, 망치, 쇠솔, 분무페인트, 탐침막대, 균열폭 확인자, 경사측정기
접근장비	보트, 사다리, 바지장화
수중장비	잠수 장비, 수중음파 측정기, 수중카메라, 수중비디오(또는 수중 CCTV) 청수상자, 표면청소장비, 균열폭 확인자, 무인카메라, 비파괴장비, 부분파괴장비, 수중코어채취기

1) 수중 사진과 비디오 장비

카메라는 매우 다양한 종류의 렌즈, 플래시와 함께 사용된다. 경우에 따라 시야가 매우 흐려서 카메라를 목표점에 가깝게 두어야 할 때가 있다. 이 때문에 광각렌즈가 가장 자주 사용된다. 부유물질 때문에 플래시의 빛이 희석되기도 하고 반사되어 렌즈로 돌아오기도 한다. 시야가 매우 나쁠 때에는 깨끗한 물 상자를 사용할 수 있다. 상자는 투명한 플라스틱으로 만들어지고 깨끗한 물로 채워 넣을 수 있다. 이 상자를 목표물 앞에 놓음으로써 깨끗한 물 사이로 사진을 촬영할 수 있다.

비디오 장비는 비디오 전체 하우징 형태와 수중 카메라를 지상에서의 모니터까지 케이블로 연결하는 형태가 있다. 후자의 경우 엔지니어 다이버는 카메라만 조절하는 동안 지상에서 촬영을 감독할 수 있다. 지상의 운영자는 모니터를 할 수 있고, 조명과 초점을 조절하고 엔지니어 다이버와 통신하여 최상의 화면을 만들어 낼 수 있다. 이때 화면이 녹화되는 동안 통신내용이나 엔지니어 다이버의 관찰내용 등이 동시에 녹음된다.

비디오 카메라에서 더 발전된 장비가 ROV(Remotely Operated Vehicle)이다.

이 시스템에서 엔지니어 다이버는 필요하지 않고 육상에서 조정 가능한 자기 추진력을 가진 장비에 카메라가 설치된다. 유속이 1.5knots보다 빨라지면 사실상 효율성이 떨어진다. 흐린 물에서는 카메라의 위치 파악이 어렵고 조정이 힘들어 효율이 떨어진다.

4.2 측정 장비

수중점검 시에는 책임기술자의 판단에 따라 비파괴시험장비, 화학시험장비, 부분파괴시험장비를 사용한다.

육안점검으로 확인하지 못한 구조 부재의 손상 위치와 크기를 판정하거나 구조 재료의 물성 등이 필요한 경우에는 장비를 사용하여 측정한다. 일반적으로 수중조사에 사용되는 장비는 육상부에서 사용되는 측정 장비와 같은 종류를 사용하지만, 특별히 수중에서 사용할 수 있도록 방수처리된 제품을 사용해야 한다.

각 측정 장비의 사용법은 제조사의 사용설명서를 참조하고 장비의 종류별 사용용도는 본 지침의 장비점검 편을 따른다.

4.3 잠수 장비

수중점검 시에는 점검원의 잠수가 필요할 경우에 다음과 같은 두 가지 방법 중 하나를 사용하여 점검한다. 점검자는 각 잠수 방법에 따라 적절한 장비를 선택하여 사전에 충분히 사용법을 숙지한 후 사용해야 한다. 잠수점검을 실시하는 점검원은 공식적인 잠수 자격을 갖춘 자이어야 한다.

(1) 스쿠버 잠수 방법

(2) 표면공급식 잠수 방법

공기를 공급받는 잠수에는 두 가지 방법이 있다. 잠수부가 직접 공기탱크를 가지고 잠수하는 스쿠버 잠수와 수면 위의 보트나 육지에서 잠수부에게 공기를 공급하는 표면공급식 잠수가 있다. 잠수점검을 실시하는 점검원은 공식기관의 잠수교육을 이수하여 잠수자격을 갖추어야 하며 기본적인 준수사항들에 대하여 충분히 숙지한 자여야 한다.

각 잠수방법에 따른 기본적인 잠수 장비는 다음과 같다.

1) 스쿠버

스쿠버(SCUBA : Self Contained Underwater Breathing Apparatus)는 "독립식 수중 호흡장비"를 의미하는 것으로 스쿠버 잠수는 스쿠버를 이용한 잠수를 의미한다. 잠수부가 수면에서 공급해 주는 공기 호스와 연결되어 비독립적으로 잠수하는 형식과 구분시키고자 나온 용어이다. 스쿠버에 사용되는 장비는 다음과 같으며 각 장비의 목적 및 사용 방법은 해당 장비의 사용자 설명서를 참조한다.

(a) 공기탱크
(b) 탱크밸브
(c) 부력조절기와 조절장치(low pressure inflators)
(d) 호흡기(regulator)
(e) 잔압계(submersible pressure gauge)
(f) 수심계
(g) 다이브 컴퓨터(dive computer)
(h) 비상용 호흡기(alternate air source)
(i) 다이빙 시계
(j) 나침반
(k) 기타 장비
① 보조장비 : 부의, 잠수깃발, 수중전등, 음향신호기
② 보조공구 및 준비물 : 드라이버, 스패너, 마스크 머리끈, 핀끈, 여분의 O링, 건전지, 실리콘, 그리스, 스노클 고리, 호흡기용 고압볼트, 줄 등

2) 표면공급식 잠수

경량 표면공급식 잠수 장비 중에서도 잠수복이나 납벨트, 칼 등과 같은 기본적인 장비는 스쿠버의 것과 동일하다. 물갈퀴나 잠수신발은 작업조건에 따라 착용한다. 표면공급식 장비를 이용하는 잠수부는 시간을 정확히 지킬 필요가 없기 때문에 일반적으로 잠수시계를 착용하지 않는다.

(1) 잠수복

잠수부가 수중에 있는 동안에는 수온에 의해 체온이 급속하게 떨어지게 된다. 또한 물속에 포함된 오염물질이나 부유물은 잠수부에게 부상을 입힐 수 있다. 잠수부의 체온저하를 막고 오염물질이나 부유물로부터 잠수부를 보호하기 위해서는 잠수복이 필요하다. 잠수복은 건식과 습식으로 구분하며 저온에서 잠수하기 위한 온수 잠수복이 있다. 산업잠수에서는 건식잠수복이 가장 많이 쓰인다. 건식잠수복은 오염, 독성 또는 위험한 물로부터 잠수부를 보호한다. 습식잠수복은 건식잠수복에 비해 매우 경제적이며 일반적으로 온난한 물에서 사용한다.

(2) 헬멧과 마스크

활동성과 양호한 교신 및 전반적인 안전성 등을 고려하여 선택하며, 음성 송수신 장치와 긴급탈출용 공기통을 장착할 수 있는 공기 요구형(demand type) 헬멧과 마스크를 선정한다.

(3) 잠수용 호스(생명선)

표면공급식 잠수용 호스는 꼬임이 방지되고 최소한 56kg/㎠(800psi)의 압력에 견딜 수 있도록 특수하게 제작된 호스를 선정한다. 생명선은 잠수부에게 공기를 공급하는 공기공급 호스와 수상부와의 통신을 위한 통신선, 잠수부의 현재 수심을 측정하기 위한 측심기 연결선 및 보강 밧줄로 구성된다.

(4) 공기압축기

공기 요구형 압력조절장치를 사용하는 표면공급식 잠수에서는 잠수부에게 저압(약 345KPa)의 공기를 공급할 수 있는 공기압축기를 선정한다.

(5) 잠수통제 시스템

수상부에 있는 작업통제 요원과 잠수대기 요원은 잠수부의 공기공급을 조정하고 수심을 감시하며 잠수부와 교신할 수 있는 장치가 있어야 한다.

3) 장비관리

(a) 사용 후에 깨끗한 물로 헹구거나 담그어 청소한다.
(b) 고무제품은 햇빛이나 열에 오래 노출되면 재질이 손상될 수도 있으므로 주의한다.
(c) 잠수복은 장시간 눌리거나 접혀 있으면 복원되지 않으므로 주의한다.

(d) 모든 장비는 보관하기 전에 완전히 건조시켜야 한다.

(e) 회전 숫자판 등에 윤활유를 주입하되 플라스틱 제품은 석유계 윤활유를 사용하지 않는다.

(f) 부력조절기는 내부까지 물을 넣어 헹구어 내며 약간의 공기를 넣어서 보관한다.

(g) 호흡기를 공기탱크에서 분리한 다음에 헹구거나 물에 담글 때는 퍼지버튼을 누르지 않는다.

4.4 청소 장비

수중부 콘크리트 구조물 하부구조에 서식하고 있는 수중 생장물의 제거는 다음의 장비를 사용한다.

(1) 수작업 장비 : 끌, 쇠솔

(2) 동력장비 : 압축공기 또는 수압을 이용한 장비, 고압분수기

수중부 콘크리트 구조물을 점검하기 위해서는 점검대상 부위에 서식하는 수중 생장물을 제거해야 한다. 일반적으로 담수에서는 손이나 수작업 장비만으로도 수중생장물을 쉽게 제거할 수 있지만 밀집한 수중 생장물의 제거에는 다음과 같은 장비를 사용한다.

(1) 압축공기 또는 수압장비

잠수부가 휴대하는 대표적인 경량장비로 경량 압축공기식 치핑건과 같은 장비가 있다.

(2) 고압분수기

고압분수기(water blaster)는 현장으로 견인 운반해서 사용하는 대형장비로 넓은 범위의 수중 생장물을 빠르게 제거하는 데 사용한다. 점검자는 이 장비를 사용하기 전에 사용법 및 주의사항을 충분히 숙지해야 하며 표면공급식 잠수 장비를 이용해야 한다.

제 5 장 세굴

5.1 세굴의 정의

세굴은 흐르는 물의 침식작용에 의해 하상 재료가 제거되는 현상을 말한다.

세굴이란 흐르는 물의 침식작용에 의한 결과로서 하천 바닥의 물질이 이동되는 현상으로 정의되며, 하상 재료의 구성에 따라 서로 다른 세굴 양상을 보여준다. 사질토와 같이 점착력이 적은 흙일수록 세굴이 급격하게 일어나지만 점착성이 있거나 다져진 토양은 세굴이 상대적으로 늦게 진행된다. 그리고 콘크리트 구조물 중 가장 많은 하상 재료인 콘크리트는 세굴에 의하여 마모가 진행된다. 그러나 비록 세굴의 양상은 다르더라도 최종적으로는 유사한 세굴깊이(최대 세굴심)를 갖는다. 일반적으로 최대 세굴심에 도달하는 시간은 모래와 자갈로 이루어진 바닥에서는 몇 시간 안에 최대 깊이까지 도달하게 되면 점착성이 있는 바닥은 수일만에, 빙차점토 · 사암 · 이판암은 수개월, 석회암 및 콘크리트는 수년, 단단한 화감암은 수세기에 걸쳐 최대 깊이까지 도달하게 된다.

5.2 세굴의 분류

세굴은 그 발생 원인에 따라 다음과 같이 분류된다.

(1) 장기 하상변동

(2) 단면축소세굴

(3) 국부세굴

(1) 장기적인 하상의 변화

하천 단면에서 발생하는 자연적인 혹은 인위적인 하상고의 변화를 의미한다. 즉, 퇴적이나 침식에 의한 하상고의 상승이나 감소를 말한다. 이러한 변화의 대표적인 원인으로는 방류량의 증가, 하상골재 채취, 상류 및 하류의 댐과 저수지, 유역의 토지이용(벌목, 도시화), 하천의 개수, 하류부 하상고의 변화, 하천의 만곡 등이 있다.

(2) 단면축소세굴

단면축소세굴은 통수 단면적의 변화로 발생하는 세굴로 다음과 같은 진행양상을 보인다.

통수 단면 축소 → 평균 유속과 하상 전단응력 증가 → 침식력 증가 → 세굴 → 통수 단면 증가 → 유속 및 전단응력 감소

(3) 국부세굴

국부세굴은 물의 흐름속에 설치된 구조물과 같은 방해물의 간섭으로 형성된 와류에 의해 발생하는 세굴이다.

댐 시설물에서의 국부세굴은 하단부에서의 와류의 형성으로 세굴공이 발생하는 것을 의미한다. 일반적으로 국부세굴은 세굴깊이가 깊어지면서 와류가 감소되고 평형상태가 되어 중단된다.

국부세굴에 영향을 미치는 인자로는 수심, 구조물의 크기, 유속·유사의 크기, 구조물의 형태, 접근각, 구조물의 길이, 하상형상, 얼음과 유송잡물 등이 있다.

5.3 세굴에 대한 콘크리트 구조물 점검 범위

> 세굴에 대해 점검할 때에는 콘크리트 구조물의 상태뿐 아니라 수로와 하상의 환경에 대해서도 조사해야 한다.

세굴에 대한 점검을 실시할 때에는 구조물의 현재 상태뿐 아니라 잠재적인 세굴 위험에 대해서도 파악할 필요가 있다. 따라서 세굴에 영향을 주는 하상의 재질이나 수로의 환경에 대해서도 점검해야 한다.

5.4 세굴 평가절차

> 점검자는 세굴에 의한 손상위험도가 큰 구조물부터 세굴 평가를 실시하기 위하여 시설물을 분류하고 다음 단계에 따라 평가한다.
>
> (1) 1단계 : 세굴 위험도에 따른 구조물 초기 분류
>
> (2) 2단계 : 잠재적 세굴 가능성이 있는 구조물 세굴 평가
>
> (3) 3단계 : 2단계 평가 구조물에 대한 보강대책 수립
>
> (4) 4단계 : 2단계에서 제외한 모든 구조물의 세굴 평가

세굴은 콘크리트 구조물 자체의 영향은 물론 구조물이 놓여 있는 수로의 환경과 특성, 지반의 특성 등의 영향을 받기 때문에 콘크리트, 구조 전문가와 수중, 지반 전문가의 유기적인 협조 아래 평가되어야 한다. 따라서 수중에 위치된 전체 콘크리트 구조물을 평가하는 데는 많은 시간과 노력이 필요하게 되고, 경우에 따라서는 즉각적인 대책이 마련되어야 할 구조물의 평가가 늦어져 적절한 조치를 취하지 못할 수도 있다. 따라서 세굴 평가는 다음과 같은 절차에 따라 수행되어야 한다.

(1) 1단계 : 콘크리트 구조물의 초기 분류

1단계에서는 현장조사에 앞서서 사전에 입수된 자료를 바탕으로 평가할 콘크리트 구조물을 분류한다. 콘크리트 구조물의 초기 분류는 크게 잠재적 세굴 가능성이 있

는 콘크리트 구조물과 그렇지 않은 콘크리트 구조물로 분류하며 잠재적 세굴 가능성이 없는 콘크리트 구조물은 다시 위험도가 낮은 콘크리트 구조물과 기초형식을 모르는 콘크리트 구조물로 구분한다. 콘크리트 구조물의 구분기준은 다음과 같다.

(a) 잠재적 세굴 가능성이 있는 콘크리트 구조물

과거에 세굴에 의한 손상 기록이 있거나 세굴에 의한 손상이 콘크리트 구조물의 안전에 중대한 영향을 줄 수 있는 콘크리트 구조물들을 이 부류로 분류한다. 다음과 같은 경우에는 잠재적 세굴 가능성이 있는 콘크리트 구조물로 분류한다.

- 지난 점검 결과에서 세굴심이 증가하고 있는 것으로 점검된 콘크리트 구조물
- 확대기초나 짧은 말뚝기초로 설계된 교각이나 교대가 있는 콘크리트 구조물
- 단면이 작은 콘크리트 구조물
- 흐름방향과 구조물이 만나는 각도가 30° 이상인 콘크리트 구조물
- 흐름방향으로 또다른 구조물이 설치된 콘크리트 구조물

(b) 위험도가 낮은 콘크리트 구조물

자세한 지질학적 자료를 가지고 세굴을 고려하여 설계한 콘크리트 구조물은 일반적으로 세굴에 대한 위험성을 적게 내포하고 있으며, 이러한 콘크리트 구조물들을 위험도가 낮은 콘크리트 구조물로 분류한다. (a)의 분류에 포함되지 않은 콘크리트 구조물이 이 분류에 해당한다. 이들 콘크리트 구조물에 대한 세굴 평가는 4단계 세굴평가에서 실시한다.

기초길이가 파악되지 않은 콘크리트 구조물은 세굴의 직접적인 영향을 규명할 수 없다. 따라서 일단 세굴에 대한 평가를 유보한다. 그러나 자료가 없다고 세굴의 위험성이 존재하지 않는 것은 아니므로 점검을 충실히 수행하고 세굴 문제가 발생하는지를 관찰한다. 만일 세굴 문제가 발생할 경우에는 잠재적 세굴 가능성 콘크리트 구조물로 분류하여 평가한다.

(2) 2단계 : 잠재적 세굴 가능성 콘크리트 구조물 평가

1단계의 초기 분류에서 잠재적 세굴 가능성이 있는 콘크리트 구조물을 분류하는 것은 세밀한 현장조사와 평가를 실시하기 위해서이다. 따라서 점검자는 1단계에서 잠재적 세굴 가능성이 있는 것으로 분류된 콘크리트 구조물들에 대해 정밀한 점검을 실시하고 위험성에 대한 정확한 평가를 해야 한다. 점검자가 독자적으로 판단하기 어려운 요소가 많은 경우에는 정확한 평가를 위해서 수중전문가, 지반전문가와 합동

으로 평가한다.

평가단계에서는 현장조사 또는 공학적 이론을 이용하여 총 세굴깊이를 산정하고 기초가 버틸 수 있는 최대 세굴깊이와 비교하여 점검된 세굴깊이에 따른 위험성을 평가한다.

(3) 3단계 : 2단계 평가 콘크리트 구조물에 대한 보강대책 수립

2단계에서 세굴에 취약한 것으로 평가된 콘크리트 구조물에 대해서는 세굴에 대한 문제점을 보완하기 위한 적절한 보강대책을 수립한다. 또한 세굴방호책이 설치되기 전까지는 지속적으로 감시하여 필요시에는 콘크리트 구조물을 통제하거나 하는 즉각적인 조치를 취해야 한다.

(4) 4단계 : 2단계에서 제외된 모든 콘크리트 구조물의 세굴 평가

1단계에서 세굴 위험성이 있는 것으로 분류된 콘크리트 구조물 이외의 콘크리트 구조물들에 대한 현장조사와 평가를 실시한다. 4단계 세굴 평가에서는 기본적인 세굴조사 항목에 대한 점검을 실시한다. 4단계에서 세굴 문제가 조사된 콘크리트 구조물을 잠재적 세굴 가능성 콘크리트 구조물로 분류하여 2, 3단계의 과정을 실시한다.

5.5 세굴의 측정

세굴은 점검 현장에 따라 다음과 같은 방법으로 측정한다.

(1) 직접 측정

(2) 장비를 사용한 측정

세굴에 있어서 가장 중요한 평가 항목은 계획 시나 설계와 비교해서 구조물이 외부환경에 얼마나 노출되었는가를 평가하는 것이다. 국부세굴은 구조물 근처의 바닥이 파이는 현상으로 잠수점검으로 발견할 수 있다. 기본적으로 세굴을 알아내는 방법은 하부구조 주변의 깊이를 측정하는 것이다 측정 시에는 침전물에 의해 세굴공이 다시 채워지는 경우가 발생할 수 있으며 이는 측정을 곤란하게 할 수도 있다. 그러나 일반적으로 침전물들은 원래 지반에 비해 연약하기 때문에 탐침막대만으로도 연약해진 범위는 감지하여 되채움된

범위를 측정할 수 있다. 만일 탐침막대만으로 되채움된 범위의 측정이 곤란한 경우에는 하상 재료를 채취하여 밀도 및 구성을 조사하도록 한다.

세굴을 측정하는 방법에 대한 간략한 설명은 다음과 같다.

(1) 직접 측정

직접 측정은 탐침막대 등으로 점검자가 직접 수심을 측정하는 방법이다. 점검자는 하부구조의 주변 하상에 대한 격자무늬를 가정하고 각 격자의 깊이를 측정하여 하상의 상태를 측정한다. 정밀한 하상 상태를 파악하기 위해서는 조밀한 격자망을 그려 점검한다. 점검자는 깊이 측정 외에도 하상의 재료를 채취하여 하상 재료의 밀도를 분석할 필요가 있으며 세굴공이 발생했는지의 여부와 세굴 보호장치의 성능을 평가한다. 직접 측정의 단점은 하상면의 연속적인 상태를 측정하지 못하는 것이다. 따라서 측정점을 선정할 때 국부세굴이 발생한 지점을 포함하도록 해야 한다.

직접 점검하는 엔지니어 다이버 조사는 다음과 같은 사항을 포함한다.

(a) 격자형식으로 기획하고 수심을 측정한다.

(b) 세굴의 메움현상을 조사하기 위한 토양 샘플링

(c) 메움현상을 탐침

(d) 세굴구멍과 침식을 조사

(e) 파일 주위의 지름은 작지만 깊은 세굴조사

(f) 보호 시스템 평가(잡석)

(2) 장비를 사용한 측정

세굴심 측정 장비는 크게 이동식 장비와 설치식 장비로 구분할 수 있다. 이동식 장비는 지중탐사 레이더(gound penetrating radar), 동조변환기(tuned transducer) 컬러 측심기(color fathometer) 등을 사용한다. 이 장비들은 이동이 가능하기 때문에 여러 콘크리트 구조물에 적용시킬 수 있는 장점이 있지만 홍수 때와 같이 세굴의 위험이 커지는 때에는 측정할 수 없는 단점이 있다.

음파측정기는 전기적인 신호를 음파의 진동신호로 변화시켜 수중으로 전파한 후 바닥에 부딪쳐 되돌아오는 시간을 감지하여 거리로 환산하는 장비이다. 구조물의 종방향을 따라 하상의 변화를 측정하여 세굴을 평가할 때 사용된다. 측정은 구조물을 중심으로 상류측과 하류측에서 실시한다. 각 장비의 특징과 사용법은 제조사에서 제공하는 사용자 설명서를 참고한다.

(a) 음파장비

음파송신장비는 엔지니어 다이버와 독립적으로 사용되지만 이 장비는 수중검사의 공통된 일부분이다. 전극과 전선을 제외하고 음파송신장비는 특정한 신호 시스템에 의존한다. 이 장비들은 상당히 효과적인 반면 해석에 오류가 있을 수 있다. 현장에서의 엔지니어 다이버가 장비의 판독에 의심이 가는 부분을 재확인할 수 있으며 바닥 상태를 더욱 확실하게 조사할 수 있다.

① 흑백 음향 측심기 : 가장 보편적으로 사용되는 장비는 흑백 음향 측심기이다. 송수파기는 수면 바로 아래에서 부유하고 음파를 바닥으로부터 반사시킨다. 수심은 기록장치에 지속적으로 기록된다.
흑백 음향 측심기의 장점과 단점은 다음과 같다.

장점	단점
- 경제적이다. - 효과적이다.	- 강한 표류 또는 난류로 인해 측정치의 오류가 자주 발생한다. - 기록장치는 일정한 간격으로 움직이며 수평척도는 기록하지 않는다. 보트가 일정한 속도로 이동하지 않으면 척도는 일그러진다. - 음향 측심기는 물의 흐름이 고요할 때 메워진 세굴구멍을 발견할 수 없다.

② 이중 주파수, 컬러 음향 측심기 : 이중 주파수 컬러 음향 측심기는 한 가지 이상의 주파수를 사용하므로 메워진 세굴을 발견할 수 있으며, 밀도가 차이나는 물질에 대해서는 다른 색깔로 화면에 표시된다. 주요결점은 비디오테이프를 제외하고 증거할 수 있는 기록을 남길 수 없다는 것이다.

③ 음향 측심기 / 데오돌라이트 : 수평척도의 문제점은 음향 측심기를 토털 스테이션 데오돌라이트와 함께 사용해 해결할 수 있다. 데오돌라이트가 산기슭에 설치되고 송수파기의 좌표를 추적 기록하여 특정 위치의 수심을 자동으로 기록한다. 데이터는 사진과 같은 지도로 나타내어진다.

④ 지면 투과 레이더 : 지면 투과 레이더와 조정을 거친 송수파기(저주파 소나) 장비 또한 세굴 탐사에 사용된다. 이는 얕은 물에서 사용하기 좋으나 염수환경에서는 효과적이지 않다.

⑤ 고정 계측기 : 세굴 탐사에 사용되는 음파장비의 대안으로 수중 시설물 하부에 영구적으로 직접 장비를 설치할 수 있다. 기 고정 계측기를 사용하면 부분적 세굴은 발생 이후 지속적으로 관찰, 기록되며 침니나 모래에 영향을 받지 않으며 정

보는 무선형태로 수중 시설물 상부나 사무실로 전달된다. 이 장비는 하부구조에 부착된 도관 속의 강철막대로 구성되어 있다. 막대는 탐침봉과 같은 역할을 하는데 하부구조를 받치고 있는 토양 위에 올려진다. 세굴이 발생하면 막대는 아래로 내려가 그 거리를 계산하는 방식으로 작동한다.

5.6 정밀점검 및 긴급점검 세굴조사 항목

정밀점검 또는 긴급점검에서는 책임기술자의 판단에 따라 잠수부 또는 수심측정기 등을 이용하여 세굴에 대해서 다음과 같은 내용을 조사 및 실측한다.

(1) 콘크리트 구조물에서의 흐름 단면의 형태

(2) 하상고의 상승·하강 여부, 구조물 주위의 국부세굴 발생 여부

(3) 세굴구멍의 형태와 깊이

(4) 기초의 노출 여부

(5) 구조물 주위 사석(riprap)의 상태

5.7 세굴에 대한 조치

점검자는 상당량의 세굴이 발생하여 콘크리트 구조물의 안전에 위험이 있다고 판단된 경우에는 더 이상의 세굴 진행을 방지하는 세굴방지대책을 수립해야 한다.

하상에 발생한 세굴로 인해서 콘크리트 구조물의 안전성이 현저히 저하될 수 있다. 따라서 콘크리트 구조물의 안전성을 확보하기 위해 세굴의 진행을 방지하는 조치를 취해야 한다.

세굴의 진행을 방지하는 방법은 그 공법에 따라 다음과 같이 분류할 수 있다.

(1) 세굴 유발인자의 능력 감소에 의한 방지공법

이는 구조물 주위 세굴을 유발하는 인자인 구조물 상류 전면을 따라 아래방향으로 발생하는 하강류와 이로 인한 말굽형 와류를 차단 또는 감소시키는 방법이다.

(2) 하상의 저항력 증가에 의한 세굴 방지공법

이 공법은 사석이나 콘크리트 블록 등으로 하상 재료를 치환해서 하상에 발생하는 전단력에 충분히 저항하여 더 이상의 세굴이 발생하지 않도록 하는 공법이다.

제 6 장 콘크리트 구조물의 수중부 보수 · 보강

6.1 콘크리트 구조물의 수중부 보수 · 보강 개요

수중 콘크리트의 보수는 실제 작업 전에 시험실에서 그 효과를 사전에 확인하고 전문가의 조언을 확보하는 등의 조치가 필요하며, 보수 시에는 다음의 사항을 고려해야 한다.

(1) 보수현장의 접근 방법

(2) 준비작업 : 콘크리트 파쇄, 철근의 절단, 콘크리트 표면정리

(3) 수중 보수 재료의 특성

(4) 각종 보수공법의 특성

(5) 콘크리트 내 철근의 보수

지상에서의 콘크리트 구조물에 대한 보수 및 보강은 긴 역사를 가지고 있고 방법 또한 다양하다. 이러한 방법 중의 일부는 약간의 변형을 가하여 수중에서도 사용할 수 있으나, 재료적으로 시멘트 부착(bonding)이 약화되고 에폭시 등 수지의 경우는 물과 혼합되어 보수에 실패할 수 있다. 이러한 보수의 실패는 큰 경제적 · 시간적 손실을 가져오므로 수중 콘크리트의 보수는 실제 작업 전에 시험실에서 그 효과를 사전에 확인하고 전문가의 조

언을 확보하는 등의 조치가 필요한 것이 지상에서의 보수와는 다른 점이다. 따라서 수중 콘크리트의 보수 시에는 다음의 사항을 고려해야 한다.

6.2 보수현장의 접근

수중부의 보수는 보수위치로부터 물을 제거하거나 수중에서 보수를 실시해야 한다. 보수현장의 접근은 작업시간, 보수 재료, 수심, 접근 넓이 등에 따라 선정해야 한다.

공기 중에서의 보수작업은 수중에서의 보수작업에 비하여 거푸집 제작이 편리하고, 보수 재료의 선택 및 보수재 설치가 쉽고 잠수요원 대신에 보수 기술자가 작업할 수 있는 등 많은 이점이 있다. 빠른 보수공법의 선정이나 단시간에 설치가 가능한 재료의 선택은 간조 시에 공기 중에서 시공이 가능하다.

그러나 보수해야 할 위치가 항상 수중에 있다면 보수위치로부터 물을 제거하거나 수중에서 보수를 실시해야 한다. 보수현장의 접근법 및 접근 넓이는 다음과 같다.

1) 차수벽 설치

주변의 환경이나 보수공사의 크기에 따라서 시트 파일이나 물막이댐에 의한 차수벽을 이용하여 보수부위에 물을 배제하고 작업할 수 있다. 현실적인 이유로 이 공법은 물깊이가 낮고, 국부적인 구조물 손상의 보수로 제한된다(넓은 면적의 구조물에 부분적으로 여러 개소에 손상이 있을 경우 전체 구조물의 주변에 물막이 공사를 하는 것은 때로는 비경제적이다). 일단 물막이 벽체를 설치하면 지상에서와 마찬가지로 집중적이고 효과적인 보수·보강이 이루어진다.

2) 대기압 케이슨

대기압 케이슨은 보수해야 할 구조물 주변을 밀봉시킬 수 있는 공장제작의 강재 작업장으로 구성되어 있다. 작업장은 작업 장비와 인원의 출입이 가능한 접근튜브를 케이슨에서 수상까지 연장하여 설치하며, 작업 시 필요한 전등, 전원, 통신기기, 절단기 및 용접기 등의 장치를 필요에 따라 설치한다. 케이슨은 고무 등의 밀봉재를 작업장 주위에 두르고 앵커 볼트 등으로 조여서 보수부위에 고정하고 내부의 물을 제거하여 건조한 상태로 설치한다.

케이슨은 내부에서 보수작업이 가능하게 제작하되 조수와 파도의 영향을 최소화하기 위하여 가능한 작은 크기로 제작하는 것이 유리하다. 대기압 케이슨은 잠수요원에 의한 보수작업보다 초기비용이 많이 들며, 집중적인 보수에 적합하지 않고 구조물의 종류 및 형태에 따라서 설치가 어려운 단점이 있다. 따라서 국부적으로 특수한 보수가 필요하거나 잠수요원이 작업하기에 위험한 물보라 지역(splash zone)에서 부분적으로 사용한다.

3) 가압식 건조작업장

가압식 건조작업장은 바닥으로부터 잠수요원이 접근하는 것을 제외하면 대기압 케이슨과 동일하다. 작업장은 보수가 필요한 구조물에 밀봉하여 설치하고 공기압에 의하여 물을 배제한다. 가압식 건조작업장은 수상으로부터의 접근튜브를 설치하지 않으므로 대기압 케이슨보다 깊은 심도에 사용된다(통상 200m 깊이까지 설치 및 사용이 가능하다).

가압식 건조작업장은 높은 비용과 장치의 복잡함으로 인하여 사용 빈도가 비교적 낮다. 따라서 비용보다는 복잡한 보수과정이 효과적으로 이루어져야 할 필요가 있거나 잠수요원에 의한 잠수 심도보다 깊은 곳에서 보수가 이루어져야 할 때 이용된다. 이러한 가압식 건조작업장은 근해에서의 석유 시추시설의 보수에 많이 이용된다.

4) 수중작업장

수중작업장은 보수기간이 긴 작업이나 유속이 빠른 곳에서 복잡한 작업이 이루어져야 할 경우 잠수요원들에게 많은 도움을 준다. 수중작업장은 구조물에 부착된 작업실로 이루어지며, 가압식 건조작업장과는 다르게 물을 배제하지는 않으나 작업에 필요한 장비 및 시설은 가압식 건조작업장과 동일하게 제공된다. 수중작업장의 가장 큰 목적은 수중에서의 안정된 작업공간의 제공에 있으며, 작업장을 파력(wave force)에 대하여 보호하기 위하여 통상 파력이 미치는 범위보다 깊게 설치한다.

5) 자유-수영 작업(free-swim diver)

잠수요원에 의한 자유-수영작업은 비교적 낮은 수심의 구조물 보수에 통상적으로 이용되는 방법이다. 잠수요원에 의한 보수작업은 차수벽이나 수중작업장을 설치하여 하는 작업에 비하여 비교적 빠른 속도로 이루어진다. 잠수요원에 의한 작업은 구조물의 복잡성 때문에 작업장의 설치가 불가능한 지역의 보수 시 유용한 방법이다. 많은 수의 부재로 구성된 교량의 피어나 잔교식 부두 혹은 수중의 파이프 라인은 잠수요원에 의한 작업이 유일한 접근 방법인 좋은 예가 된다. 잠수요원에 의한 작업은 작업 장소를 쉽게 이동할 수 있으므로 단순한 작업을 장소를 옮겨가며 실시할 경우 매우 유리하다.

잠수요원에 의하여 수행되는 작업은 잠수 장비 및 보호장구와 파도 및 물의 흐름에 의하여 제약을 받을 수 있다. 물보라 지역에서는 잠수작업이 위험하므로 상대적으로 최소한의 작업시간으로 보수작업을 할 수 있도록 고려한다. 비말대영역 이하에서는 비교적 파도의 영향이 적으므로 잠수작업이 장시간 이루어지며 좀더 복잡한 작업의 수행이 가능하다.

경험상 파도나 조류로부터 보호될 경우 잠수요원은 아래와 같은 다소 복잡한 작업도 수행할 수 있다.

(a) 고압의 물분사 방법에 의한 콘크리트 절단
(b) 산소 아크 버너(oxy-arc burner)에 의한 철근의 절단
(c) 조립식 거푸집의 설치 및 해체
(d) 콘크리트 타설의 조절
(e) 기존의 도구에 의한 프리스트레싱 텐던(prestressing tendon)의 긴장

보수 방법을 결정할 때 두꺼운 장갑을 착용한 잠수요원이 손쉽게 다룰 수 있는 커다란 부품을 사용하는 것이 기본적이다. 잠수요원의 작업 효율성을 높이기 위해서 특히 포말대(splash zone)에서 잠수요원과 장비, 조명시설 등의 안정성을 확보할 수 있는 작업장을 준비하는 것이 필요하다.

6.3 콘크리트와 철근의 보수 준비

수중에서의 콘크리트 파쇄나 철근의 절단은 많은 문제를 야기하며, 지상에서 사용하는 방법을 수중에 적용할 경우 동력장비에 대한 안전상의 문제가 야기되므로 파쇄나 절단에 사용되는 수중장비는 공기압이나 유압을 동력으로 사용한다.

지상이나 수중에서 손상된 구조물의 보수를 위한 첫 번째 단계는 손상 범위를 확인하

는 것이다. 수중이나 혹은 규칙적으로 침수되는 지역에 위치한 콘크리트는 해초를 비롯한 수중생물에 의하여 덮여 있으므로 이를 제거하는 것이 필요하며, 파쇄되었다거나 균열이 심한 부분의 콘크리트를 제거해야 한다. 철근 또한 심하게 부식되었거나 변형된 경우 제거해야 한다.

수중 사용 장비에 대한 구체적인 조사 및 연구는 영국의 CIRIA 소속 UEG (Underwater Engineering Group)에 의하여 상세하게 수행되었다. 수중에서의 절단장비는 작업의 성격에 맞추어 선택해야 한다. 예를 들면 써믹 랜스(thermic lance)는 콘크리트와 철을 동시에 절단할 수 있으며 고압 물분사 방식은 철근은 남겨두고 콘크리트만 절단할 수 있다. 수중에서의 보수를 위한 철근콘크리트의 사전준비에 대하여 개략적인 사항을 다음 절에 기술하였다.

1) 표면의 보수 준비

수중구조물에 부착되어 있는 수중생물은 구조물의 사용연수와 수심에 따라서 그 양이 다르다. 이러한 수중생물의 제거는 손상 범위의 확인과 구조물에 대한 보수 재료의 양호한 접합을 위하여 필수적이다.

와이어 브러시(wire brush), 니들 건(needle gun), 소형 그라인더 등은 국부적인 청소작업에 적합하다. 유압이나 공기압 방식의 로터리 와이어 브러시(rotary wire brush)는 넓은 면적의 침전물과 부드러운 수상생물, 즉 해초 등을 제거하는 데 효과적이며, 니들 건과 충격식 해머는 콘크리트 자체의 표층을 제거하는 데 효과적으로 사용된다. 넓은 면적에 대하여는 고압의 물분사기가 사용될 수 있다. 단단한 부착생물을 제거한 후 물 분사 시 마모제를 첨가하면 더욱 강력한 절단기로 사용되며, 세제를 첨가하면 콘크리트 기름이나 오래된 때를 벗기는 데 효과적으로 사용될 수 있다.

손상된 콘크리트를 제거하고, 철근을 절단하고, 필요한 거푸집을 설치하는 동안 단지 몇 시간 내에 콘크리트의 모재와 보수 재료의 접합강도를 떨어뜨리게 된다. 따라서 보수재를 설치하기 직전에 콘크리트의 표면을 깨끗한 물로 완전히 씻어내도록 하며, 경우에 따라서는 표면의 오염물을 완전히 제거하기 위하여 살균제나 기타의 첨가물을 깨끗한 물에 섞어서 사용하기도 한다.

2) 콘크리트의 제거

철근콘크리트 혹은 프리스트레스트 콘크리트 구조물에 있어서 내부의 철근을 손상시키지 않고 콘크리트를 제거하는 것이 종종 필요하다. 다음의 방법들은 철근을 보수단면에 그대로 사용하거나 부분적으로 절단하기 위하여 철근을 남겨놓은 상태로 콘크리리트를 제거하는 데 유용하게 사용될 수 있다.

(1) 고압 물분사 방식

고압 물분사 방식은 수중에서 콘크리트를 제거하는 데 가장 일반적으로 사용되는 방법이다. 이 방법은 콘크리트의 표면에 고압의 가느다란 물줄기를 통상 70MPa~120MPa의 압력으로 분사한다. 수중에서 작업 시에는 분사구 주변의 물의 영향으로 물줄기가 굵어지고 절단면적이 확대되는 반면에 수상작업에 비하여 절단효율이 떨어지며, 작업 시 주변의 수압에 비하여 통상 100배까지의 압력을 가할 수 있으므로 작업수심의 제한은 거의 없다. 그러나 수중에서의 작업 시 노즐에서 분사되는 물에 의한 반발력으로 인하여 분사장비의 균형이 깨지게 되므로 이에 대응하는 역분사장비를 설치해야 한다.

콘크리트의 제거는 두 가지 방법에 의하여 이루어진다. 즉 콘크리트의 자유면에 분사하여 콘크리트를 박리시켜 떨어뜨리는 방법과 깊은 홈이 발생하도록 콘크리트를 가로질러 분사하는 방법이 있다. 물의 압력이 골재 자체와 시멘트를 침식하는 정도면 콘크리트는 절단되지 않고 단순히 씻겨나가게 된다. 고강도 콘크리트나 철근 혹은 기타의 강재 보강재를 절단해야 할 경우에는 분사되는 수류에 마모재나 규소사(silica sand)를 첨가하여 지속적으로 분사한다. 마모재는 수중에 설치된 호퍼(hopper)를 통하여 공급되며 절단력을 눈에 띄게 증가시킨다. 마모재 없이 물만 사용할 경우 철근에는 손상이 없으며, 이 경우 철근은 보수재의 부착이나 코팅재의 부착이나 코팅재의 적용이 가능하도록 깨끗한 상태로 청소가 이루어진다.

(2) 기계적인 절단 방법

규모가 작거나 정교한 작업이 요구될 경우 공기압이나 유압을 이용한 다이아몬드 톱이나 드릴 등의 기계식 절단기가 자주 사용된다. 필요한 경우 콘크리트와 강재 모두를 절단할 수 있으며 절단깊이는 절삭판의 직경에 따라서 제한된다. 디스크 커터(disk cutter)는 작업면을 매끄럽게 절단할 목적으로 사용되며, 이것은 모재와 보수재의 접착면 강도를 확실히 보장하며 절단면을 매끄럽게 한다.

수심 6m 이하의 낮은 수심에서 작업이 이루어질 때 기존의 공기압 방식 콘크리트 파쇄기가 사용될 수 있으며, 이보다 깊은 수심에서는 기존의 공기압 방식과 유사한 유압식 파쇄기를 사용한다. 기계식 절단기나 파쇄기를 사용할 때는 보수영역 주변의 건전한 콘크리트에 미세균열이 발생하지 않도록 주의해야 한다.

(3) 콘크리트의 쪼갬(splitting techniques)

콘크리트를 쪼개고자하는 선을 따라서 여러 개의 구멍을 일정한 깊이로 천공한다. 쪼개지는 면의 방향과 형태는 천공의 위치와 방향 깊이에 따라서 조절할 수 있으며, 공내에 압력을 작용시키면 주변의 콘크리트가 인장에 의하여 쪼개진다.

유압식 버스터(hydraulic burster)에는 플런저 버스터((plunger buster)와 쐐기형 버스터가 있다. 플런저 버스터는 유압잭과 유사한 방식으로 작용하며, 속이 빈 본체(때로는 사각형 단면을 가짐)와 반대편에 고정된 일련의 플런저로 구성되어 있다. 천공된 공내에 강재 라이너(liner)와 함께 버스터를 삽입하고 가압시키면 플런저가 확대되어 콘크리트를 쪼갠다. 이때 플런저의 확대방향을 한 방향으로 할 경우 쉽게 균열방향을 조절할 수 있다. 쐐기형 버스터는 경사진 강재 라이너 사이에서 유압이 작용되는 강재 쐐기로 구성되어 있으며, 공내에 삽입되면서 가압되면 라이너는 공벽에 힘을 가하여 콘크리트가 쪼개지도록 한다. 쪼개짐의 방향은 버스터의 방향에 따라서 조절된다.

콘크리트의 쪼갬은 팽창성 시멘트의 사용에 의해서도 이루어질 수 있다. 이 방법은 플라스틱 주머니에 의하여 운반되어 미리 설치된 공내에 채워지는 시멘트 페이스트와 물의 혼합물로 구성된다. 시멘트는 12~24시간 동안 천천히 팽창하여 콘크리트를 쪼갠다. 카독스 시스템(cardox system)은 압축된 이산화탄소(carbon dioxide)를 사용하여 콘크리트를 쪼개는 방법이다. 액체상태의 이산화탄소를 카독스 튜브에 담아서 공내에 설치하고 공 입구를 단단히 밀폐시킨다. 이때 종이 용기에 담겨진 비폭발성의 화합물이 이산화탄소의 활성제로서 작용한다. 이 화합물에 전기를 흐르게 하여 반응을 일으키고, 이때 카본 다이옥사이드의 압력 증가에 의하여 인접한 공을 연결하는 균열이 발생하여 콘크리트가 쪼개진다.

3) 철근콘크리트의 제거

상기한 기술 중 일부는 콘크리트를 부수는 데 사용될 뿐 아니라 철근 또한 절단하게 된다. 그러나 대부분의 경우 철근콘크리트를 완전히 제거할 필요가 있을 때에는 위의 방법과 철근의 절단법을 동시에 사용해야 한다.

일반적으로 발파와 써믹 랜스 두 가지 방법이 한 번의 작업으로 콘크리트를 파쇄하고 철근을 동시에 절단하는 방법으로 사용된다. 발파는 접촉성 장약(contact demolition charges)의 사용에 의하여 다년간 수중에서 사용되었다. 접촉성 장약 조절발파는 장약의 위치와 크기에 의존할 뿐 아니라 다른 절단기술과 마찬가지로 경험 있는 작업자의 선정이 중요하다. 재래식 접촉성 장약의 사용은 발파면이 매우 거칠고 인접한 구조물에 영향을 크게 미치므로 정교한 절단이 요구되는 곳에서는 성형폭약의 사용이 요구된다. 성형폭약은 특별한 모양의 금속성 용기, 보통 원뿔형의 용기에 설치되어 발파 시에 한쪽으로 추진력이 작용하여 콘크리트의 국부적인 면적에 절단력이 집중된다. 성형폭약은 재래식 장약에 비하여 부드러운 절단면을 만들고 폭발이 보다 효율적으로 전달되며, 폭발 시 충격파의 강도가 감소하는 장점이 있다.

써믹 랜스는 두꺼운 단면의 철근콘크리트를 효율적으로 절단하는 충분히 검증된 방법이다. 랜스는 몇 개의 강봉이 묶여진 강재 튜브로 이루어져 있다. 산소가 튜브의 끝으로 공급되며 산소-철 융합반응에 의한 연소가 이루어지고, 재래식 연소 기어에 의하여 약 2,200℃까지 가열되어 철근과 콘크리트를 절단하게 된다. 철근콘크리트를 절단할 때 콘크리트는 상한 열에 의해 녹아서 슬래그(slag) 상태로 흘러나가고 철근에 랜스가 접근하면 철근은 상당한 추가 발열을 하면서 연소된다. 써믹 랜스는 수압이 증가할수록 요구되는 산소의 압력과 랜스가 연소되는 비율이 증가하므로 써믹 랜스의 사용은 낮은 수심으로 제한된다.

발파와 써믹 랜스의 사용은 철근과 콘크리트를 동시에 제거하므로 구조물의 한 단면을 완전히 제거하는 데 가장 적합한 방법이다. 보수작업을 수행하기 전에 보강재(철근) 설치를 위한 연결부를 제공하기 위하여 철근을 제외한 콘크리트 자체의 절단(예, 고압 물분사)이 필요하다.

4) 철근의 제거

콘크리트를 재타설하기 전에 파단되었거나 심하게 손상된 철근은 제거하여 교체하고, 철근을 잘라내기 전에 잘려진 끝단이 용접이나 커플링에 적합한지를 확실히 하기 위하여 철근의 재접속 방법을 검토해야 한다. 일반적으로 수중에서의 철근의 절단은 다음의 세 가지 방법에 의하여 수행된다.

(1) 기계적 절단

작은 규모의 보수에 있어서 단지 몇 개의 철근을 절단해야 할 경우 기계적 절단이 유용하다. 디스크 커터나 볼트 절단기 등의 유압식 공구들이 사용될 수 있으며, 직경이 작은 철근의 경우는 절단용 수공구의 사용도 가능하다.

(2) 산소-수소 절단기(oxy-hydrogen cutting)

지상에서의 강재 절단에 많이 사용되는 산소-아세틸렌 절단기는 가스(gas) 불꽃과 탄소강(carbon steel)의 상호작용에 의하여 강재를 절단한다. 이때 강재는 산화되면서 연소된다. 수중에서는 수심에 따른 아세틸렌의 불안정성을 극복하기 위하여 아세틸렌을 수소로 대체한 산소-수소 절단기가 사용된다. 그러나 산소-수소 불꽃은 산소-아세틸렌 불꽃에 비하여 그 온도가 낮으므로 연소와 절단의 과정에 더 많은 시간이 소요된다. 절단속도가 빠르고 절단이 손쉬운 산소-아크 절단법이 도입됨에 따라서 산소-수소 절단법의 사용은 점점 줄고 있다.

(3) 산소-아크 절단법(oxy-arc cutting)

산소-아크 절단 시 발생하는 열은 가스 불꽃이 아니라 전기적인 아크에 의하여 발생한다. 산소-아크 절단 시 5~8MPa의 압력으로 산소가 속이 빈 전극(hollow electrode)을 통하여 공급되며, 이로 인하여 철근의 산화 및 연소가 촉진되고 산화물은 산소의 압력에 의해 없어지게 된다. 철근의 끝단은 용접하거나 커플링 이음을 하기 적당한 상태로 자연스럽게 깨끗이 청소된다. 또한 산소-아크 절단장비의 대부분은 사용되는 전극의 종류를 바꾸어 수중용접장비로 곧바로 사용할 수 있도록 구성되어 있다.

6.4 보수 재료

수중 콘크리트 구조물의 보수에는 지상에서의 보수와 마찬가지로 많은 종류의 보수 재료가 사용된다. 이들은 시멘트형 재료와 수지형 재료 두 가지로 크게 나누어 분류할 수 있다.

1) 시멘트형(cementitious) 재료

시멘트형 재료는 재래식의 모르타르와 주입재로부터 혼화재에 의하여 그 성능이 월등히 개선된 재료까지 많은 종류가 있다. 혼화재의 사용은 비점착성, 높은 강도 발현, 우수한 작업성 확보, 시멘트의 씻김 방지, 블리딩(bleeding)의 감소, 수축성의 감소 등 재료의 성능을 개선한다. 시멘트형 보수 재료는 수중에서 설치가 가능하도록 특별히 개발된 특히 제품의 사용이 가능하다. 수지형 재료에 비해서 시멘트형 재료의 장점은 다음과 같다.

(a) 열팽창 계수와 탄성계수가 모재와 유사하다.

(b) 팽창균열의 위험성이 있는 추가의 열을 가하는 것 없이 두꺼운 단면제작 가능
(c) 저렴한 가격
(d) 혼합과 설치작업에 실수의 가능성이 적음(공정이 간단함)
(e) 잠수요원 작업 시 재료 및 작업내용의 안정성

2) 수지형(resin-based) 재료

수지형 재료에 의한 보수는 일반적으로 수지의 주입, 모르타르의 타설, 수작업에 의한 퍼티(putties) 바르기 등을 포함하는 에폭시수지의 사용을 기본으로 한다. 에폭시수지는 일반적으로 시멘트형 재료에 비하여 탄성계수가 낮고 크리프(creep) 변형률이 높아서 보수재로서 덜 적합하다고 할 수 있다. 또한 두꺼운 단면을 보수할 경우 열에 의한 추가의 균열 발생 우려가 있다. 시멘트형 재료에 비해서 수지형 보수 재료는 다음과 같은 장점이 있다.

(a) 미세한 균열에 대한 주입 시 낮은 점성에 의한 높은 침투력
(b) 높은 접합강도
(c) 보수부위에 재료 자체의 이동이 필요할 시 재료의 높은 유동성
(d) 높은 강도와 신속한 강도 발현
(e) 물이나 염분의 침투에 대한 높은 저항성

보수 재료의 선택 외에도 수중에서의 보수작업은 일반적인 보수에 비하여 현장접근, 보수준비, 거푸집 설치 등에 소요되는 비용이 상당히 높으며 작업에 대한 감리 및 감독이 제한되는 어려움이 있다. 따라서 어떠한 재료가 보수재로 선택되더라도 그 보수재료가 특정한 보수작업에 효과적이라는 것을 사전시험이나 시공경험에 의하여 증명할 필요가 있다. 혼합과 설치작업에 실수의 가능성이 과도하게 높으면 안 되며, 선택된 재료에 대하여 보수에 착수하기 전에 최소한 다음의 시험을 거쳐야 한다. 이러한 시험은 보수작업 시 발생될 환경 및 온도와 동일한 조건에서 실시되어야 한다.

(a) 강도, 탄성계수, 크리프 등에 대한 특성이 보수대상 구조물의 특성에 적합한가?
(b) 유동성 : 주입작업에 충분한 유동성이 있는가? (시간에 따라 재료가 유동성을 잃지 않는가?)
(c) 시멘트의 씻김 : 수중에서 자유투하 시 시멘트의 씻김이 발생하는가?
(d) 경화시간 : 재료가 적합한 위치에 설치될 때까지 경화되지 않는 충분한 시간여유가 있는가?
(e) 설치 시험 : 천천히 연속적으로 펌핑(pumping)이 가능한가, 스스로 다짐이 되며

다짐면의 높이가 조절되는가?

(f) 현장강도 : 요구되는 현장강도가 발현되는가? 시멘트의 씻김에 의하여 상부층의 강도가 약화되지 않는가? 물과의 혼합에 의하여 강도가 약화되지 않는가?

(g) 접합강도 : 모재와 다른 보수부위에 보수 재료가 충분한 강도로 접합되는가?

6.4.1 콘크리트

대규모의 수중보수에 사용되는 콘크리트는 유동성이 좋고, 점성이 우수하며, 스스로 다짐이 잘 되어야 한다. 또한 보수부위와 기존 구조물의 경계면에서 강도저하를 일으키는 소성수축 및 블리딩이 쉽게 발생하지 않는 제품이어야 한다. 콘크리트의 압송성에 대한 특성들이 대체로 수중에서도 적용된다.

1) 시멘트

플라이 애쉬(fly ash) 또는 슬래그(slag)를 혼입하거나 혼입하지 않은 시멘트 모두를 수중 콘크리트에 사용할 수 있다. 점착력을 확보하기 위하여 통상 350~450kg/m³의 시멘트를 콘크리트에 사용하며, 어떤 종류의 특허품은 이보다 훨씬 많은 양의 시멘트를 사용하기도 한다.

2) 골재

높은 작업성을 확보하기 위하여 쇄석 입도가 양호한 골재가 적합하다. 특히 암석을 파쇄하여 만든 잔골재는 입도의 분포가 불량하며 입자의 모양이 좋지 않으므로 되도록 사용하지 않는 것이 바람직하다. 불량한 입도의 모래를 사용할 경우 블리딩의 양을 크게 증가시키므로 주의해야 한다.

3) 혼화 재료(admixtures)

콘크리트의 품질과 작업 편의성(타설시)은 혼화재의 사용에 의하여 크게 증가될 수 있다. 수중 콘크리트에 사용되는 대표적인 혼화 재료와 그 특성을 아래에 간단히 요약하여 기술하였다.

(1) 유동화제(plasticizers)

주어진 작업성(workability)을 확보하는 데 필요한 물의 양을 감소시킴. 이것은 콘크리트의 강도와 밀도를 증가시키고 투수성을 감소시켜 콘크리트의 재료 성능을 증진시킨다. 같은 물-결합재비에서 작업성이 증가하면 타설과 다짐이 용이해진다.

(2) 고성능 유동화제(super plasticizers)

유동성이 크게 증가된 높은 작업성의 콘크리트를 만드는 데 사용된다. 이것은 콘크리트가 스스로 다져지게(self-compacting) 하고 스스로 평탄하게(self-leveling) 되도록 한다. 수중에서 진동에 의하여 다짐을 실시할 경우 콘크리트와 주변의 물이 섞이게 되는데, 고성능 유동화제는 이러한 진동다짐이 필요치 않다.

(3) 공기 연행제(ae제, air entraining agent)

이것은 콘크리트의 점착성과 작업성을 증가시킨다. 잔골재와 입도분포가 불량할 경우 발생하는 블리딩의 양을 줄여주며 펌핑 시 도움이 된다.

(4) 지연제(retarders)

이것은 응결시간(타설 후 경화 시까지의 시간)을 지연시켜서 콜드 조인트의 발생을 억제하고 타설 시까지의 조작시간을 일정 시간 지연시켜도 문제가 발생하지 않도록 한다. 지연제는 보통 유동화제(plasticizers)나 고성능 감수제(super-plasticizers)와 병행하여 사용한다.

(5) 폴리머제(polymer modifiers)

이것은 콘크리트나 모르타르의 성능(특히 접합성능이나 인장강도)을 크게 개선시킨다.

(6) 비분산제(non-dispersible agents)

이것은 보수 콘크리트가 주변의 물과 접하는 부분에서 콘크리트로부터 시멘트가 씻겨나갈 위험성을 줄여준다. 대체로 폴리에틸렌 옥사이드(polyethylene oxide)나 셀룰로오스(cellulose)와 같은 점성 증가제와 함께 사용하는 감수제(water-reducing agent)로 구성되어 있다(표 6.1 참조). 대부분의 경우 비분산제는 사전 배합된 수중 콘크리트나 모르타르에 포함되어 있다(표 6.2 참조).

(7) 미분말 실리카(microsilica)

미분말 실리카의 첨가는(일반적으로 고성능 유동화제와 병행하여 사용) 콘크리트를 고강도, 내마모성으로 만든다.

4) 수중 콘크리트 특허제품

일련의 특허품, 즉 비분산되도록 미리 자루에 담아서 사용하는 콘크리트가 사용된다. 이러한 제품들은 수중에서 자유로운 투하가 가능하도록 접착성이 우수하며 시멘트의 씻김에 대한 저항이 큰 배합설계가 적용된다. 이러한 제품은 다짐이나 평탄작업을 위한 진동다짐이 필요 없도록 되어 있다. 비분산용으로 설계된 콘크리트는 거푸집으로 직접 투하될 때 사용되며, 거푸집 안에 철근이 조립되어 있을 경우 시멘트의 씻김 현상이 적게 발생한다. 거푸집이 설치되어 있고 거푸집 하단에서부터 콘크리트를 채워 올리는 경우는 물이 서서히 위쪽으로 배출되므로 비분산용 콘크리트의 사용은 중요하지 않다.

표 6.1 **비분산 혼화재**

제조회사	제품	비고
Rescon	Rescon T Nonset 400 UV	Retarding effect 15~20 kg/㎥
Shimizu construction	Aklith 12 A Aklith 12 S	
Cormix construction chemicals	UCS	Combination of two admixtures
Armorex	UW3	
Sika intertol	UCS	
Fosroc	Conplast UW Conbex 250	Cernent at least 400 kg/㎥
Hydraulic underwater Concrete	Hydrobond UWA-1 Hydrobond UWA-2	Microsilica-based Polymer-based
Scancem chemicals	Betokem S~UV	Two components(liquid+powder) Microsilica-based

표 6.2 **비분산 콘크리트 · 모르타르 · 그라우트**

제조회사	제품	비고
Hydrocrete	Hydrocrete conerete Hydrocrete grout	Permeable or impermeable pourable/pumpable
Armirex	UW4 UW5 UW6 UW7	Grout mortar, plastic or pourable Coarse Grout motor, plastic or pourable As UW4 but fast set As UW5 but fast set
Fosroc	Cobeextra UW	Non-shrink pourable/pumpable
Rescon	50 UV 600 UV-T Nonset 400 UV	0.2mm aggregate pourable/pumpable 6mm aggregate pourable/pumpable Expanding, pourable
Thoro system products	Waterplug	Rapid setting, hand/trowel
Ronocrete	Monoset U/W	Rapid setting, hand/trowel
MRA	Protongrout	
Hydraulic underwater concrete	Hydrobond UWC-3 Hydrobond UWC-4	Pilymer/microsilica concrete Microsilica-based rapid setting concrete

6.4.2 접착성 모르타르 및 그라우트(cementitious mortars and grouts)

철근이 밀집되어 있거나 손상부의 두께가 얇아서 콘크리트의 사용이 어려울 때 접착성 모르타르 및 그라우트가 사용된다. 반죽질기(consistency)나 모래 함량, 잔골재 입도분포 등은 보수부위의 상태나 작업성 등에 따라서 달라질 수 있다.

작은 규모로 패인 부분의 물보라 지역(splash zone)에서 이루어질 경우 보수부위가 물에 씻겨나가는 것을 방지하기 위하여 특별히 고안된 포틀랜드 시멘트를 사용하거나 초속경 시멘트를 사용한다. 영구적인 보수를 위하여 주입공법을 사용할 경우 구조물의 표면을 밀봉하기 위하여 초속경 모르타르를 사용할 수 있다. 유동성이 좋은 접착성 모르타르는 구조물 표면의 보수를 위하여 미리 거푸집을 설치한 경우 펌핑이나 쏟아 붙이는 방법에 의하여 사용이 가능하다.

균열에 대한 주입이나 잔골재를 사전에 설치하고 주입을 할 경우 모래가 없는 시멘트 그라우트의 사용이 요구된다. 모래를 사용하지 않는 시멘트 그라우팅은 침투 깊이가 훨씬 커지며 모래에 의한 덩어리짐 현상이 발생하지 않는다. 일반적으로 열이나 수축에 의한 균열이 발생할 가능성이 있는 비교적 큰 공극에 대한 채움재로서 시멘트 그라우팅은 적절하지 못한 방법이다.

접착성 모르타르의 성능은 폴리머제의 사용에 의하여 크게 개선될 수 있다. 다음에 기술한 모르타르의 성능을 개선하기 위하여 모노머(monomer), 수지(resin), 라텍스액(latex liquids)을 물 배합 시 첨가한다.

(a) 유동성이 있고 인장강도를 증가시킴.
(b) 압축강도를 증가시킴.
(c) 투수성을 낮추고 블리딩과 소성균열을 억제함.
(d) 접착제의 사용 없이 접착강도를 증가시킴.

그러나 폴리머제를 사용한 모르타르는 구조용 보수재로서 문제를 야기할 수도 있는 높은 크리프(creep)현상을 유발하고 낮은 탄성계수를 갖는다. 폴리머제(polymer modified) 중 어떤 물질은 수중이나 습기가 높은 지역에서 부적합할 수 있으므로 플리머제의 선정에 주의를 기울여야 한다. 특히 폴리비닐 아세테이트(PVA)와 아크릴 코폴리머(acrylic copolymer)를 사용한 모르타르의 강도는 수중 사용 시 심각한 문제를 야기할 수 있다. 이러한 경우 스티렌-부타딘 고무(styrene-butadiene rubber)나 스티렌 아크릴 코폴리머제(styrene-acrylic copolymer)를 사용하는 것이 효과적이다.

폴리머제 시멘트 슬러리는 일반적인 보수재로 사용되는 모르타르를 사용하기 전에 구조물에 붓을 사용하여 바르는 것으로 구조물과 모르타르 사이의 접착제로 사용할 수 있다. 폴리머제의 사용 전에 제품특성에 대하여 제조회사에 자문을 구하는 것이 효과적이다. 표 6.2에 기술된 각종 접착성 모르타르 특허품들은 수중 사용에 적합한 제품이다.

6.4.3 프리플레이스트 콘크리트(preplaced concrete)

프리플레이스트 콘크리트는 거푸집 내에 굵은 골재를 다져놓은 후 모래 · 시멘트 그라우트를 주입하여 이루어지며, 이 경우 골재는 다짐에 의하여 충전되므로 골재 · 시멘트 비가 높은 콘크리트가 형성된다. 이로 인해 수축비가 낮아지며(일반 콘크리트의 50~70%), 골재분리 현상이 일어나지 않고, 침하가 적게 일어나는 장점이 있다. 그러나 고강도 콘크리트를 만들기 위해서는 낮은 투수성의 배합을 사용하고 시멘트 페이스트의 침하에 의한 미세균열을 억제해야 하며 골재 사이로 물의 블리딩을 막아야 한다. 이것은 적합한 그라우트 배합설계에 의하여 가능하다.

프리플레이스트 콘크리트의 성공적인 타설을 위하여 고려해야 할 사항은 다음과 같다.

(1) 굵은 골재

굵은 골재는 철근간격의 2/3 이하, 거푸집 규격의 1/4 이하의 제한규정 내에서 작업이 가능한 가장 큰 치수의 골재를 사용하는 것이 바람직하다. 또한 보수 단면이 300mm까지는 최소한 14mm 이상의 골재를 사용하고 더 두꺼운 단면에서는 최소한 19mm 이상의 골재를 사용한다. 그러나 철근이 밀집되어 있거나 보수 단면이 협소한 경우는 철근간격과 거푸집 단면이 허용하는 규정 내에서 가장 적게 분포된 것이 바람직하다(일반적으로 다짐 후 공극률이 35~40% 사이에 있도록 한다).

(2) 잔골재

잔골재는 모래·시멘트 그라우트를 굵은 골재 사이로 펌핑이 용이하도록 입도의 분포가 균등해야 한다. 영국의 경우는 BS 882 규정의 존(Zone)3을 만족해야 한다. 굵은 골재의 크기가 작을 경우(예를 들어 10mm인 경우) 모래·시멘트 그라우트를 굵은 골재 사이로 펌핑할 때 모래 입자가 서로 뭉쳐져서 덩어리를 형성하여 제대로 그라우팅이 되지 않는 문제가 발생할 수 있다. 이러한 경우는 적절한 혼화재를 사용해야 한다.

(3) 시멘트

여러 종류의 표준규격 포틀랜드 시멘트가 사용될 수 있다. 만약 특별한 종류의 문제가 발생한다면(예를 들어 황화합물의 침투, 염해 등) 적당한 종류의 시멘트를 환경조건에 맞추어 선정하여 사용한다.

(4) 혼화제

일반적으로 그라우트의 유동성을 증가시키기 위하여 포졸란 채움재를 사용한다. 또한 블리딩의 억제, 유동화, 공기의 연행, 그라우트의 경화 시 약간의 팽창을 위하여 적절한 혼화재를 사용한다.

(5) 그라우트

수중작업 시 적절한 접착성 모르타르를 사용하는 것이 유용하다. 이러한 제품은 시멘트의 씻김 및 블리딩을 방지하고 수축균열의 발생을 억지한다. 사용 가능한 몇 가지의 제품은 표 6.2에 표시하였다.

6.4.4 수지형 모르타르 및 그라우트

에폭시수지는 주입용으로 사용되는 점성이 낮은 제품에서부터 모래와 섞은 모르타르까지 많은 종류가 사용된다. 대부분의 경우에 있어서 같은 종류의 에폭시가 보수 시 요구되는 적절한 반죽질기를 확보하기 위하여 혼합물(일반적으로 모래)과 섞어서 사용된다.

일반적인 에폭시(epoxy) 및 폴리에스터(polyester)는 경화제와 물 사이의 반응에 의하여 역작용이 발생하여 손상된 콘크리트와의 접착에 실패하는 경우가 많으므로 수중 사용에 적합하지 않다. 그러나 특별하게 고안된 수지와 경화제(특정한 에폭시수지)가 수중 사용 목적으로 개발되어 있으므로 이러한 제품을 사용하는 것이 필요하다.

특별히 수중에서 사용하도록 고안된 에폭시 제품도 설치 시 난류에 의하여 물과 섞일 경우 성능이 저하될 수 있다. 일반적으로 폴리에스터수지는 낮은 접합성능으로 인하여 수중 사용이 적절하지 않다. 적절한 재료를 선정하기 위하여 다음의 조건을 검토해야 한다. 수중구조물의 보수 시 사용되는 에폭시 재료는 표 6.3에 나타내었다.

(a) 반죽질기(consistency) : 보수재가 설치되어야 할 거푸집의 크기와 공극의 크기, 설치 방법과 관련하여 반죽질기를 결정한다.

(b) 유연성(flexibility) : 보수 재료가 하중을 부담해야 한다면 높은 탄성계수와 낮은 크리프 변형률이 필요하다. 보수재가 채움재로 사용된다면 높은 유연성이 필요하다.

(c) 발열(heat generating) : 열의 발생은 보수부위의 두께, 수지와 함께 사용한 채움재의 양, 경화 정도에 의존한다. 보수부위의 두께는 온도 증가에 의하여 뒤따르는 균열의 발생을 막기 위하여 제한된다.

(d) 경화율(rate of hardening) : 보수재가 경화되기 전에 사용가능한 시간은 온도, 설치 방법, 보수의 복잡성 등에 의존한다. 보수의 종류에 따라서 균열의 채움, 주입, 돌기형 접합 등의 경우는 급결용 보수 재료가 필요하다. 많은 에폭시 제품은 보편적인 사용 및 급결용 두 가지 목적에 모두 적합하도록 개발되어 있다.

기본적으로 에폭시수지—경화제 시스템은 물과 비슷한 밀도를 나타내기 때문에 보수 시 주변으로 넘칠 수 있으며, 이는 잠수요원에 위해한 작용을 한다. 모르타르나 퍼티형으로 사용할 때에도 잠수요원이나 잠수 장비에 둘러붙지 않도록 세심한 주의가 필요하다. 에폭시수지를 수중구조물의 보수를 위하여 사용할 때에는 만족스러운 효과를 보기 위하여 혼합 및 적용 시 에폭시 제조회사의 자문 및 감독을 받는 것이 기본적이다. 품질의 보증을 위하여 대부분의 에폭시 제품은 수지, 경화제, 채움재가 사전에 그 양을 적절히 계량하여 각각 개별적으로 포장되어 출고되는 것이 일반적이다.

표 6.3 **에폭시수지**

재료	제조회사	제품명	비고
Injection resins/grouts	Rescon	BI-PA 1.6 resin UL-L 1.5 hardner	Crack injection/Thin layers
	Rescon	UV-L	Bonding aid/Adhesive
	Colebrand	CXL 78R CXL 600 CXL 78T CXL 194	Crack injection, Resin anchors 15㎛ Cracks Grout, Small splits, Adhesive Adhesive
	Sika Inertol	Sikadur 53 LV	Low-viscosity injection
Mortars	Rescon	UV-S	Paste, Hand/Trowel applied
	Structural	NM 205 U/W	Putty, Hand/Trowel applied
	Chemicals	NM 208 U/W	Mortar, Hand/Trowel applied
	Expandite	Expocrete UA	Sand-filled mortar
	Armorflex	Armorex	Putty
	Sika Inertol	Sikadur 53	Can be filled, Pourable
	FEB	Underwater Epoxy	Mastic

6.5 콘크리트 보수기법

6.5.1 표면박락의 보수

콘크리트 피복의 국부적인 박락현상이 발생한 경우, 콘크리트 피복은 향후 철근의 부식을 방지하기 위하여 신속하게 복구되어야 한다. 특히 비말대영역에서의 부식은 조그마한 부위에서 광범위한 부위로 빠르게 진전된다. 콘크리트의 피복을 보수하기에 앞서, 서술한 바와 같이 손상된 콘크리트와 해양식물의 제거 등 보수를 위한 준비가 완전하게 이루어져야 한다.

박락된 주변부는 거칠어진 모서리를 제거하기 위하여 손상 정도에 따라 12~20mm 깊이로 테두리를 적당한 방법(일반적으로 톱에 의한 절단 : saw-cut)으로 잘라낸다.

비말대영역(splash zone)에서는 손상지역에 접착성 모르타르로 흙손작업을 하는 것이 일반적이다. 손상의 범위가 매우 제한되어 있을 때에는 내수성 에폭시 모르타르나 퍼티가 적합할 수도 있다. 보수작업 준비가 완료된 후 물보라 지역(splash zone)에서 부분적인 박락부위에 대한 기초적인 보수단계는 다음과 같다.

(a) 보수할 면을 맑은 물로 충분히 씻어내고 습기를 제거한다.(특정한 종류의 에폭시 재료가 사용되어야 할 곳은 제외)

(b) 접착 코팅의 시공, 보수할 표면에 잘 스미도록 작업한다.(특정한 종류의 에폭시 보수와 폴리머제가 첨가된 모르타르의 경우는 불필요함)

(c) 코팅재가 경화되기 전에 보수 모르타르를 바른다.

(d) 보수 모르타르를 양생한다.

(e) 보수 재료가 충분히 경화될 때까지 파도를 막아 준다.

비말대영역에서 파손부위(patch)의 보수 시 또는 대부분의 수중보수 작업 시에 보수재료를 담을 수 있는 거푸집 설치가 필요하다. 거푸집공사는 보수작업의 지연을 유발시키며 지연기간 동안에 보수할 표면에 미세한 해양생물의 성장이 일어난다. 또한 보수작업의 지연은 접착제 코팅을 제한하게 되는데, 이것은 코팅부분에 접착력이 유지되는 동안에 보수 재료의 시공이 이루어져야 하지만 거푸집 설치기간 중 접착제의 접착력이 소멸되기 때문이다. 만약 접착제 코팅이 경화되면 표면이 매끄러워져서 접착력이 떨어지게 된다.

파손부위 보수를 위한 거푸집공사는 보통 볼트에 의하여 설치되거나 어떤 경우에는 부재의 주위에 묶여지기도 한다.

보수 재료가 펌핑에 의하여 거푸집으로 주입될 경우에는 거푸집에 두 개의 구멍이 필요하다. 그라우트나 모르타르는 손상부위의 저부에 위치한 구멍으로 계속 펌핑되고, 거푸집 위쪽의 다른 구멍으로는 보수재가 차오름에 따라서 물이 배출된다. 이것은 물과 보수 재료가 혼합되는 것을 최소화하고 시멘트의 씻김을 줄여준다. 또한 보수한 곳 내부에 발생할 수 있는 물의 갇힘현상(trapping pockets)도 줄여준다. 거푸집 안으로 모르타르가 주입될 때 모르타르의 이동은 콘크리트와 모르타르의 경계면에 전단력을 유발시키고 모르타르를 콘크리트 표면으로 밀착시켜 접착능력을 향상시킨다.

보수 재료를 거푸집에 쏟아 붓는 방식으로 설치할 경우에는 우편함 형식(letter-box)의 거푸집 윗부분이 개방된 상태로 있어야 한다. 이러한 설치 방법은 거푸집을 제거한 후 보수면의 평탄화를 위하여 잘라내야 하는 단면을 발생시킨다. 우편함 형식 거푸집에 쏟아 부어 설치할 보수 모르타르를 선택할 경우는 물에 의한 시멘트의 씻김이 잘 발생하지 않는 배합을 선택해야 한다. 배합물은 진동에 의하여 다짐을 할 경우 물과 혼합될 수 있으므로 자중에 의하여 스스로 다짐이 가능하도록 혼화재 등을 사용하여 배합해야 한다.

가요성(flexible) 거푸집 역시 보수공사에 사용될 수 있다. 보수를 위하여 철근을 설치한 경우는 철근의 피복을 조정할 수 있는 스페이서(spacers)나 고정재(fixings)가 확실히 설치되어 있는지 확인해야 하며, 특히 강한 조류에 의해 거푸집이 이동될 수 있다면 더더욱 주의깊게 확인해야 한다. 일부 시공사(RESCON)에 의하여 제공되는 보수기법은 사전에 거푸집 내에 접착제 용액을 부분적으로 채워서 설치하도록 되어 있다. 접착제 용액은 보수 모르타르나 콘크리트가 거푸집 안으로 채워질 때 주변으로 밀려나면서 보수할 콘크리트 모재의 표면을 코팅하게 된다.

6.5.2 대규모 보수

구조적인 하중작용, 화재에 의한 손상, 배의 충돌, 비말대영역 내에서 흔히 발생할 수 있는 철근부식 등은 큰 규모의 보수에 대한 필요성을 야기해 왔다. 넓은 지역의 보수를 실시할 경우에는 블리딩 또는 재료수축이 콘크리트 모재와 보수재 사이의 경계면으로부터 누수경로를 유발하지 않도록 보수 재료의 선정에 특별한 주의를 기울여야 한다.

수중의 대규모 보수에 있어서 비록 주변의 물이 온도상승을 감소시키는 역할을 수행함에도 불구하고 보수부위가 두꺼운 경우에는 보수 재료에서 온도상승이 이루어지며, 이것은 열에 의한 균열의 발생을 초래하기도 한다.

많은 경우에 보강재로 사용된 철근의 부식과 철근 자체의 변형 때문에 철근에 대한 보수가 수행되어야 할 필요가 있다. 철근에 대한 상세한 보수기법은 다음 절에서 설명하였다.

큰 규모로 이루어지는 보수에 대한 일반적인 과정은 다음과 같다.

(1) "1.2 절"에서 논의한 것처럼 손상부위에 대하여 보수 준비를 실시한다. 일반적으로 철근이 더 이상 부식되지 않도록 하기 위하여 모재 콘크리트를 철근의 배면까지 제거한다. 이것은 보수재와 구조물을 잘 결합시키는 데 도움을 주며, 보수

부위 주변은 매끄러운 면을 유지하기 위하여 최소한 20mm를 적당한 방법으로 잘라낸다. 손상된 부분의 콘크리트 윗부분에서는 물이 콘크리트에 포획되지 않고 블리딩 수(bleeding water)가 쉽게 빠져나갈 수 있도록 콘크리트 표면을 경사지게 절단해야 한다.

(2) 보수대상 철근은 깨끗이 청소해야 하고 필요하다면 교체하거나 추가 철근을 보충해야 한다. 비말대영역에서는 부식을 방지하기 위하여 철근을 코팅하는 것이 필요하다. 수중에서는 부식방지 코팅은 일반적으로 필요하지 않으며 경우에 따라서 부식의 위험이 그다지 심각하지 않다.

(3) 거푸집 시공 형태의 선택은 보수 콘크리트 타설에 사용되는 방법에 좌우된다. 블리딩(bleeding) 효과를 최소화하고 좋은 접합부의 형성을 위해서 콘크리트가 경화될 때까지 압력을 가하는 것이 유리하다. 이것은 빈틈이 없는 그라우트와 구조물을 봉합할 수 있는 견고한 거푸집 시공을 필요로 한다. 사전 골재 설치 콘크리트를 이용할 경우는 거푸집을 모듈(module)형식으로 제작해야 한다. 이것은 골재의 설치가 단계적으로 이루어지므로 설치단계에 맞추어서 거푸집을 설치해 나가야 하기 때문이다.

(4) 보수 콘크리트 타설 직전에 거푸집은 염분에 의한 콘크리트의 오염을 감소시키기 위해서 깨끗한 물(담수)로 완전히 씻어낸다.

(5) 펌핑은 수중구조물 보수 시 가장 적절한 콘크리트 타설 방법이다. 콘크리트는 설치된 거푸집의 밑부분으로 펌핑되고, 펌핑된 콘크리트가 거푸집의 위로 차오르면서 거푸집 내의 물은 자연스럽게 위쪽으로 배출된다. 펌핑은 거푸집 내에서 물과 혼합된 콘크리트의 경계층이 밖으로 흘러나올 때까지 계속해야 한다. 콘크리트가 차오르며 진동다짐이 필요한 경우는 거푸집이 콘크리트로 가득찬 후 실시한다. 거푸집 상부의 개구부를 폐쇄함으로 인하여 압력에 의해 콘크리트 혼합물에서 발생할 블리딩 효과를 상쇄할 수 있게 한다. 압력은 준비된 표면으로 보수 콘크리트를 밀착시켜서 접착강도를 증가시키게 된다.

6.5.3 프리플레이스트 콘크리트

골재의 공극률을 최소로 할 수 있는 입도분포로 준비하여 거푸집 안으로 투입하고 진동다짐이나 막대에 의한 다짐을 실시한 후 적절한 그라우트를 선정하여 잘 다져진 골재가 채워져 있는 거푸집의 기저부로부터 주입하여 밀도가 높은 그라우트가 하부로부터 차오름에 따라서, 거푸집의 상부로 자연스럽게 물을 배출하도록 하여 거푸집이 골재와 그라우트로 채워지게 한다.

그라우트를 채우기 이전에, 골재는 실트와 염수의 함유량을 줄이기 위하여 깨끗한 물로 씻어내고 진동다짐을 실시한다. 거푸집 및 골재의 설치에 있어 손상된 부위 윗부분까지 골재를 채우도록 주의하며, 골재가 채워지지 않고 그라우트 만이 채워진 영역이 발생하면 이 영역에서는 수축에 의한 균열이 심각하게 발생할 수 있다. 그라우트 시공은 거푸집 상단의 유출구로부터 그라우트 재료가 흘러나올 때까지 연속적으로 거푸집 저부의 유입구를 통하여 파이프를 이용하여 주입된다. 물과 섞이는 그라우트의 경계면이 지속적으로 유지될 때 시멘트의 씻김을 방지하기 위하여 그라우트를 거푸집 밖으로 넘치게 주입해야 한다. 주입작업 동안 거푸집에 진동이 가해지는 것은 바람직하지 않다. 만약 진동이 가해진다면 시멘트가 씻겨나갈 위험이 증가할 것이다.

매스 콘크리트(mass concrete)의 재설치, 파이프 앵커의 설치, 기초 바닥 슬래브 설치 등의 규모가 크거나 혹은 넓고 평탄한 지역의 콘크리트 타설은 수직의 그라우트 파이프를 이용하여 그라우팅을 실시하는 것이 일반적이다. 이러한 그라우팅은 개략적으로 20mm의 파이프를 1.5m 간격으로 배치하여 실시하는 것이 일반적이나, 정확한 파이프의 배치간격은 거푸집의 규격과 골재의 특성에 따라서 결정된다. 그라우트는 파이프를 통하여 거푸집의 하나로부터 주입되며, 서서히 위쪽으로 차오르며 물을 배제하고 골재가 타설되어 있는 거푸집을 채우게 된다.

6.5.4 주입

수중 콘크리트의 균열이나 공극은 수지나 접착성 시멘트 그라우트의 주입에 의해 보수될 수 있으며, 마른 곳에서 사용되는 유사한 방법으로 실시된다.

주입 재료의 선택은 대부분 주입되는 균열과 공극의 크기와 향후 변경의 가능성 여부에 따라서 결정된다. 균열의 폭이 몇 밀리미터(mm) 이상인 균열에는 접착성 시멘트 그라우트가 충분히 주입될 수 있으며, 이보다 폭이 작은 0.1mm까지의 균열에는 에폭시수지의 주입이 적당하다. 보통 균열의 폭이 0.1mm 이하일 때는 주입할 필요가 없다. 균열의 보수를 위하여 주입공법을 실시할 때 실제 주입되는 주입 깊이는 보수 재료가 경화되기 전에 유지되는 압력과 시간에 의해 결정된다.

균열 주위에 부식에 대한 증거가 있는 경우는 단순히 균열에 수지나 그라우트를 주입하는 것보다는 철근의 배면까지 콘크리트를 제거하고 부식부위에 대한 적절한 조치를 취한 후 다시 콘크리트를 채워 넣는 좀 더 완벽한 보수가 필요하다.

균열의 주입 · 보수에 적용되는 일반적인 절차는 다음과 같다.

(1) 균열의 연장선을 따라 콘크리트 표면을 손질한다.

(2) 급결용의 접착성 시멘트 혹은 수지에 의한 퍼티(putties)를 사용하여 주입 돌기를 균열을 따라서 일정한 간격으로 부착한다. 주입 돌기의 설치간격과 직경은 사용되는 재료와 주입되는 균열의 형태 및 크기에 의해 결정된다. 주입 돌기는 100~300mm 간격과 5mm의 직경으로 설치하는 것이 일반적이다. 주입돌기는 균열 바로 위 표면에 직접 부착하거나 균열에 구멍을 뚫어서 그 구멍에 삽입한다.

(3) 균열의 길이를 따라서 균열의 표면을 밀봉한다. 균열의 밀봉은 균열을 따라서 홈을 내고 이것을 모르타르로 밀봉하는 방법과 더 간단하게 균열이 있는 콘크리트의 표면을 직접 모르타르로 밀봉하는 두 가지 방법 모두를 사용할 수 있다.

(4) 밀봉 후 균열은 깨끗한 물로 씻어서 오염물질을 제거하고 주입경로가 개방된 것을 확인한다. 채색된 물을 사용하면 누출지점을 확인할 수 있고 밀봉의 견실함을 점검할 수 있다.

(5) 균열의 한쪽 끝에 설치된 주입 돌기를 통하여 접착성 시멘트 그라우트나 수지를 주입하기 시작한다. 최초로 주입을 시작한 주입 돌기로부터 순차적으로 주입을 하여 균열을 완전히 충전한다. 주입 돌기는 사용 후 각각 완전히 밀폐시킨다.

일반적으로 사용되는 주입 방법은 중력주입과 가압주입의 두 가지가 있다. 수지주입에 대하여 가압주입법이 사용될 경우, 수지의 두 가지 구성요소(주재와 경화재)는 수상에서 혼합되어 가압용기를 통하여 보수부위로 이송되어 주입될 수도 있고, 각각 별개의 관으로 이송되어 주입 직전에 특수한 혼합 노즐에 의하여 혼합되어 주입될 수도 있다.

에폭시수지는 물과 비슷한 밀도를 갖는다. 따라서 작업 중 주입구나 균열로부터 유출된 주입재는 주변을 흘러 다니게 되어 보수작업을 하는 잠수요원을 위험에 처하게 할 수 있으므로 주의해야 한다. 주입작업 동안 모든 간계에서 수지의 유출을 최소화하도록 하는 주의가 필요하다.

경화된 에폭시수지는 보수 단면의 인장력과 전단력을 회복시킨다. 에폭시수지 시스템은 어느 정도 콘크리트의 강도를 회복시키며, 이것은 구조적인 완전함이 요구되는 곳에서는 매우 중요한 사항이다. 균열보수 이전의 균열의 발생 원인이 재발할 경우는 보수부위에 추가의 균열이 재발될 수 있다. 이러한 경우는 탄성계수가 낮고 유연성이 있는 재료를 이용하여 주입하거나 균열의 표면을 밀봉하여, 균열을 가변성 조인트(movement joint)로 취급하는 것이 좋은 방법이다. 에폭시 수지보다는 매우 유연성이 있는 폴리우레탄(polyurethane)이나 폴리설파이드(polysulphide)를 기초로 한 보수 재료는 충전 후 약간의 움직임을 허용하면서 염분이나 습기의 침투를 막는 역할을 수행할 수 있다.

6.5.5 숏크리트

숏크리트는 수중작업은 할 수 없으나 초급결재의 사용은 물보라·간만대 지역에서 숏크리트의 사용을 가능하게 한다.

기둥이나 보를 덧씌우거나 넓은 면적의 표면을 보수해야 할 경우 숏크리트의 사용은 좋은 해결책이 될 수 있다. 숏크리트는 모래와 시멘트를 호스를 통해 운반하여 노즐에서 물과 섞어서 분사하는 건식이 일반적으로 사용된다. 숏크리트는 수중작업은 할 수 없으나 초급결재의 사용은 물보라·간만대 지역(splash · tidal zone)에서 숏크리트의 사용을 가능하게 한다. 경화시간이 30초~60초인 초급결용 제품(예를 들면 sika inertol사의 sigunite 제품)의 사용이 일반적이다.

숏크리트의 성공적인 적용은 물 공급량과 압력을 조절하고 숏크리트 두께의 균일성을 확보하는 노즐맨의 경험 및 기술에 의해 많이 좌우된다. 주의 깊은 시공은 모재에 대한 좋은 접착력과 높은 내마모성을 가진 35MPa 강도의 콘크리트를 시공 후 얻을 수 있도록 한다.

6.5.6 강재 덧씌움

철근의 부식작용에 의한 철근콘크리트 파일이나 기둥 손상부의 보수에서 파일 주위를 강재로 덧씌움하여 강재와 파일 사이의 공극을 콘크리트나 모르타르로 채우는 방법이다.

철근의 부식작용에 의한 철근콘크리트 파일이나 기둥 손상부의 보수에서 중요한 작업은 손상된 콘크리트를 제거(경우에 따라 철근의 뒤쪽 콘크리트까지 제거)하는 것이다. 이 작업은 종종 구조물을 유지하기 위하여 가설 지보재를 사용하기도 한다. 또 다른 보수 방법은 파일 주위를 강재로 덧씌움하는 것이다. 강재와 파일 사이의 공극은 콘크리트나 모르타르로 채워진다. 덧씌움재는 향후 철근의 추가적인 부식(결과적인 콘크리트 피복의 팽창)을 고려하여 계획될 수 있다. 덧씌움재는 철근의 부식에 의한 단면 손실과 부착력의 약화에 의한 파일의 단면력 손실을 충분히 보상할 수 있도록 설계되어야 한다. 이러한 설계조건을 만족시키기 위하여 덧씌움재의 두께는 충분히 두꺼워야 하며 보강길이는 파일의 손상부 위아래로 충분히 연장되어야 한다. 이때 하중은 전단력에 의하여 파일에서 덧씌움재로 덧씌움재에서 파일로 전달된다.

강재 덧씌움(steel sleeve) 보수기법의 일반적인 보수 방법은 아래와 같이 단계별로 요약될 수 있다.

(1) 콘크리트 파손부위 및 해양식물의 제거에 의하여 손상된 부위의 보수 준비
(2) 가설 지지대와 밀봉 링(sealing ring)을 파일 손상부의 하부에 충분한 거리를 이격시켜서 고정시킨다. 일반적으로 부식에 의한 손상은 물보라·간만대 지역에서 주로 일어난다. 그러므로 손상되지 않은 충분한 길이의 파일이 수중에 있게 된다.
(3) 파일의 주변으로 반원형으로 제작된 강재 덧씌움재를 볼트를 사용하여 결합시킨다.
(4) 물을 배제시키기 위하여 덧씌움재의 기저부 가까운 곳의 유입구를 통하여 보수콘크리트나 모르타르를 펌핑한다.
(5) 가설 지지대와 밀봉 링을 제거하고 강재 덧씌움재에 부식 방지를 위한 코팅을 한다.

6.6 철근의 보수

> 철근콘크리트 구조물의 심한 손상을 통하여 발생한 철근의 손상은 철근의 형태와 직경이 구조적으로 안정하도록 복구해야 한다.

철근콘크리트 구조물에 심한 손상이 있을 경우, 철근이 부러졌거나 적어도 심하게 변형되었을 가능성이 있다 이러한 손상이 충격에 의하여 발생한 경우에는 철근의 손상이 국부적으로 발생하며, 발생 위치는 충격지점이거나 기둥이나 피어에 회전변형이 발생한 지점일 경우가 많다. 대부분의 경우 이러한 손상(충격에 의한 손상)은 철근을 충분한 힘으로 쳐서 적당한 피복을 확보할 수 있는 원래의 위치로 편 다음 손상된 콘크리트를 복

구하는 것으로 충분하다. 그러나 철근이 심하게 손상된 경우 단순히 똑바로 펴는 것은 철근의 구조적 기능에 영향을 줄 수 있다. 철근을 단순히 똑바로 펴는 것이 구조물에 미치는 영향은 철근의 형태와 직경에 의해 결정된다. 인장강도의 감소는 크지 않을지라도 철근의 피로수명 단축과 파괴 시 변형량 감소에 기인한 연신율의 부족현상 등을 유발할 가능성이 높아진다.

특히 비말대영역에서 일반적인 부식이나 국부적 공동현상은 철근의 단면적 손실을 일으키며 추가 철근의 시공이 필요하게 한다. 이러한 부식이나 국부적 공동의 영향으로 철근 연결부(link)는, 특히 모서리에서 매우 불리한 영향을 받을 수 있다.

손상된 철근을 보수하기 위하여 보강설계 시 다음과 같은 문제점을 고려하는 것이 필요하다.

(a) 철근이 밀집되어 있는 경우 보수하고자 하는 철근에 접근이 어려울 수 있다.
(b) 철근이 다발로 구성되어 있을 수 있다.
(c) 보수가 수중에서 이루어져야 할 경우가 발생한다.
(d) 철근에 대한 접근이 오직 한 방향에서만 가능할 수 있다.

프리스트레스트 텐던이 손상되었을 경우, 새로운 텐던을 연결하는 것뿐만 아니라 보수부위를 재긴장하는 방법도 고려해야 한다. 그러나 이러한 문제점들을 확실히 파악한 경우에는 보수를 위한 철근의 재설치 등을 포함한 적절한 보수 방법을 제시하는 것이 가능하며, 구조적으로 효과있는 보수가 이루어질 수 있다.

6.6.1 겹이음

철근을 겹이음할 경우에는 철근의 구조적인 안정을 위하여 최소 겹이음 길이 등의 충분한 겹치기 길이를 확보해야 한다.

영국의 BS 8110을 예로 든다면, 인장 부재의 최소 겹이음 길이는 철근직경의 37배가 되어야 한다. 이것은 철근직경이 20mm일 때 인장 부재의 겹이음 길이는 최소 740mm가 된다는 것을 의미한다. 이것은 손상부위를 복구하기 위해 철근에 적절한 겹이음을 실시하여 손상부 주변의 건전한 콘크리트를 약 800mm 가량 제거해야 한다는 것을 보여준다. 철근의 피복 두께나 철근 사이의 간격이 작은 경우나 혹은 겹이음의 겹치는 부분을 엇갈리게 배치되어야 할 경우, 때로는 넓은 면적의 콘크리트를 제거해야 할 경우가 발생한다.

이 경우 미국에서는 ACI 318의 요구조건을 따르도록 되어 있다.

철근의 충분한 겹치기 길이를 확보하기 위하여 건전한 콘크리트를 넓게 제거하는 것은 파쇄작업뿐만 아니라 콘크리트를 재설치하는 시간과 재료적 측면에서 많은 비용이 발생한다. 철근이 밀집되어 배치된 곳에서 추가로 철근을 배치하는 것은 보수 재료의 타설을 어렵게 할 수도 있다. 그러므로 이 방법은 콘크리트의 손상(제거될 부분)이 철근의 손상보다 훨씬 광범위하게 발생한 경우 적절한 보수 방법으로 선정하는 것이 타당하다.

6.6.2 용접

철근의 연결은 맞대기 용접이나 혹은 겹이음 용접을 할 수 있다. 맞대기 용접의 경우 일반적으로 철근강도의 80%만을 접합강도로 인정하며, 겹이음 용접의 경우에는 충분한 겹이음 길이를 확보해야 한다. 특히 수중용접을 실시할 경우에는 본 용접에 들어가기 전 시험용접을 실시하여 그 결과에 대한 시험을 하는 것이 품질관리 차원에서 필요하다.

최근의 철근들은 탄소치(carbon equivalent values)가 낮은 강재로 만들어지고 있어서 용접이 용이하다. 철근의 연결은 맞대기 용접이나 혹은 겹이음 용접을 할 수 있다. BS 8110의 경우는 양쪽 모두를 사용할 수 있도록 하고 있지만, 맞대기 용접이음은 일반적으로 철근강도의 80%만을 접합강도로 인정한다. 겹이음 용접의 이음 길이는 철근직경 20mm에 대하여 800mm이며, 이것은 철근의 보수를 위하여 제거될 콘크리트의 양을 현저히 줄여준다. ACI 318에서는 주 구조 부재에 사용된 대구경 철근에 대하여, 용접부가 규정된 인장강도의 적어도 125%의 인장강도를 발휘할 수 있는 용접 스플라이스의 사용을 허용하고 있다.

최근 들어 용접은 손상에 의하여 제 기능을 다하지 못하는 철근을 교체할 때 가장 적절한 이음 방법으로 고려되고 있다. 그러나 용접에 의한 철근의 이음은 부재의 피로 특성에는 좋지 않은 영향을 미친다는 것을 명심해야 하며, 특정한 종류의 강재 보강재에 대하여는 사용이 제한되어 있다. 수중용접을 실시할 경우 본 용접에 들어가기 전 시험용접을 실시하여 그 결과에 대한 시험을 하는 것이 품질관리 차원에서 필요하다.

6.6.3 보강 커플러

커플러는 기계식 커플러와 수지형 커플러가 있다. 기계식 커플러는 연결하고자 하는 두 개의 철근 선단에 설치된 슬리브(이음매가 없는 튜브)로 구성되어 있다. 유압식 프레스 등을 이용하는 이 방법은 철근과 슬리브가 서로 기계적으로 맞물리는 것에 의하여 철근을 접속시키는 방법이므로, 주변에 물이 있거나 강재의 표면 상태, 온도에 대한 영향 등 주변환경에 구애받지 않으므로 현장위치와 상태에 따라 폭넓고 다양한 형태로 제작될 수 있다.

BS 8110과 ACI 318에서는 재하 후 변형이나 극한강도를 결정하기 위하여 정확한 형식의 철근에 대하여 정밀한 시험이 수행된 경우 기계식 커플러의 사용을 허용하고 있다. 철근이 밀집되어 있는 곳에서는 수압형 압착기구를 충분히 접근시키지 못할 수도 있다. 그러므로 이 방법은 소형 조인트(대표적으로 직경 20mm에 150mm 길이의 조인트)를 형성하고자 할 경우 사용할 수 있다.

수지 그라우트 커플러는 연결하고자 하는 철근의 끝에 슬리브를 위치시켜 구성한다는 점에서 기계식 커플러와 유사하다. 수지형 커플러의 경우는 철근과 슬리브 사이에 응력의 전달을 위하여 급결용 수지를 주입하게 되며, 이때 수지의 주입 전에 슬리브의 양쪽 끝단을 밀봉하고 주입을 실시해야 한다. 수지형 커플러에서 하중의 전달은 수지 자체의 강도와 수지와 철근, 수지와 슬리브 경계면의 접합강도에 의존한다. 수지 커플러의 길이는 일반적으로 기계식 커플러와 같다. 수지형 커플러는 제한된 범위 내에서 철근의 뒤틀림을 수용할 수 있으며, 몇 개의 철근을 묶어서 연결하도록 설계하는 것이 가능하다. 그라우팅에 의하여 형성된 커플러의 문제 중 하나는 높은 응력에서 수지의 크리프(creep) 변형이다. 그러나 보강재로 사용된 철근이 최소한 초기단계(수지가 완전히 경화되지 않은 단계)에서 응력을 받지 않는다면 크리프 변형은 다른 요소에 비하여 그 중요성이 적다고 평가된다.

6.6.4 강판 보강(부재 외부에 설치하는 경우)

부재 외부에 강관을 보강할 경우는 다음과 같다.

(1) 플랫잭에 의한 보수

(2) 간접적인 철근의 연결

(3) 철근의 연장

(1) 플랫잭(flat-jack)에 의한 보수

텐던이 설치되지 않은 부재나 텐던이 손상되지 않은 부재에 사용. 손상된 부재의 보수를 위하여 재설치된 콘크리트에 압축력을 가하기 위하여 플랫잭을 사용한다.

(2) 간접적인 텐던의 연결

손상된 부위의 위아래에 볼트에 의하여 설치된 강재 브래킷(bracket)에 텐던을 대신할 수 있는 강봉을 설치하여 간접적으로 재긴장시킨다.

(3) 텐던의 연장

국부적으로 두껍게 설치한 단면에 강봉을 설치하고 연장하여 파단된 텐던과 연결시킨 후 너트를 조여서 재긴장시킨다.

제 7 장 강재 구조물의 수중부 보수 · 보강

7.1 손상의 방지

수중에 사용되는 강구조물은 교량에서 피어의 하부구조나 잔교식 부두의 하부구조로 사용되는 콘크리트 파일 캡을 가진 H-파일 및 강관파일이 주류를 이룬다. 일반적으로 해수나 오염된 담수에 설치된 강구조물이 담수에 설치된 강구조물보다 높은 비율로 부식하게 된다. 부식으로부터 강구조물을 보호하는 방법은 표면의 코팅, 전기적인 부식 방지, 콘크리트 피복 설치의 세 가지로 분류할 수 있다.

(1) 표면의 코팅(도막처리)

코팅은 수중환경으로부터 강재를 분리시키는 것에 의하여 부식을 방지한다. 부식의 방지를 위한 코팅 재료는 페인트, 에폭시, 역청재, 콜타르 재료, 플라스틱 등으로 다양한 재료를 사용할 수 있다.

코팅을 위한 강재 표면의 전 처리(preprocessing) 과정은 근접 블라스팅 혹은 산세척에 의한 표면의 청소를 포함한다. 블라스팅이나 산세척 이전에 많은 양의 먼지나 기름기 등은 솔벤트나 수동공구 혹은 동력공구에 의하여 제거할 수 있다. 코팅은 브러시, 롤러, 스프레이 방식으로 칠할 수 있으며, 파일 등의 강구조물 설치 시 코팅이

벗어지지 않도록 주의해야 한다.

(2) 음극방식(Cathodic protection)

음극방식은 해수, 담수, 혹은 토양 중에서 강구조물을 부식으로부터 보호할 수 있다. 음극방식은 두 가지 방법으로 나누어지며 전지작용 양극(galbanic anode) 방식과 직류전류 공급방식(impressed current)이 있다.

전지작용 양극방식에 있어서는 강재보다 활성도가 높은 희생양극(sacrificial anode)을 강재의 표면에 일정 간격으로 부착시킨다. 희생양극은 음전위가 강재보다 높은 아연, 알루미늄, 마그네슘 등을 사용하며 희생양극은 자신을 부식시킴으로 인하여 국지적인 부식구조를 제거하여 부식을 방지한다. 희생양극은 주기적으로 교체되어야 한다. 전지작용 양극방식은 외부전원 공급장치가 필요하지 않으며, 설치가 간단하고(파일의 경우 항타 전에 설치할 수 있음) 희생양극이 수명을 다할 때까지는 별도의 유지관리가 필요없는 등의 장점이 있다. 반면에 저항이 낮은 전해질이 필요하며, 구조물의 규모가 클 경우 많은 양의 희생전극이 필요하고 설치 후 부식 방지 체계의 효율성에 대한 검증이 필요한 등의 단점이 있다.

직류전류 공급방식은 강재의 주변에 존재하는 물속에 철이나 탄소로 만들어진 양극을 설치하여 이용한다. 철이나 탄소양극은 직류전원 공급장치에 직접적으로 연결되나 부식과정에 의하여 발생되어 흐르는 전류에 대응하는 충분한 양의 직류전류(대부분 낮은 전압)가 강구조물에 공급되고, 공급된 전류는 구조물을 음극으로 만들고 이에 따라 강구조물의 부식이 차단된다. 이 시스템을 운영하기 위하여는 직류전류의 공급, 철 혹은 탄소 등의 양극, 상대전극(reference electrode), 구조물에서 전원 공급기에 이르는 회로체계(negative return circuit)가 필요하다. 직류전류 공급방식은 부식환경에 따라서 전류의 공급을 조절할 수 있고 한 번의 설치로 큰 면적의 부식을 방지할 수 있는 장점을 가지고 있다. 설치 방법은 전지작용 양극방식에 비하여 복잡하다.

(3) 콘크리트 피복 설치

콘크리트 피복의 설치는 강재의 부식 진행을 차단하기 위하여 설치되며, 기 설치된 구조물에 추가로 설치하며, 제대로 설치될 경우 높은 효율을 기대할 수 있다. 피복 설치를 위한 콘크리트는 접착력이 우수해야 하며 상대적으로 투수성이 낮은 고품질이 요구된다. 콘크리트 피복은 고수위선의 수십 cm 상단에서 바닥선(mudline)까지 설치한다. 이때 조수간만의 차이에 의한 수위를 고려하여 피복이 설치되어야 할 높이를 결정하며 하천의 경우는 세굴도 고려되어야 한다. 콘크리트 피복 설치의 한 가지 단점은 재료가 취성적이며 교량 등의 상부구조물의 변위 혹은 선박 등의 충돌 시 균열이 발생할 수 있다는 점이다. 그러나 콘크리트 피복 설치는 수중에 설치된 강구조물의 수명 연장에 매우 크게 기여한다.

7.2 강재 구조물의 보수

수중에 설치된 강구조물의 단면보수는 손상부위를 콘크리트로 덧씌움하여 단면을 확대하는 것이 가장 일반적이다. 볼팅이나 수중용접에 의하여 보수하는 것은 비용면에서 불리할 경우가 많으나 주변환경에 따라서 필요할 경우 실시해야 한다.

수중 보수작업의 품질관리는 상당히 어려운 부분이며 특히 수중용접의 경우는 특수한 장비 및 기술이 요구된다.

7.2.1 수중용접의 형태

수중용접은 크게 건식과 습식으로 구분되며, 용접과정에서 압력의 영향(수압), 수소가 많은 용접환경, 급속한 냉각환경 등에 대하여 수중용접 시 각각의 화학적·기계적 영향과 복합적인 영향을 고려해야 한다.

일반적인 수중용접에는 다음과 같은 형태가 있다.

(1) 습식용접(wet welding)

수중에서 작업하는 잠수부나 용접공이 용접 시 발생하는 아크(arc)와 주변의 물 사이에 어떠한 물리적인 장벽이 없이 주변의 정수압을 받으면서 실시하는 용접

(2) 완전건식용접(dry welding in a habitat)

용접은 대형 작업장 내에서 이루어진다. 작업자들은 잠수 장비 없이 작업장 내의 공기 중에서 작업을 실시하며 용접 자체는 지상에서의 용접과 큰 차이가 없다. 수중에 작업장을 설치하고 물을 배제해야 하는 용접을 위한 준비과정이 필요하다.

(3) 부분건식용접(dry chamber welding)

용접은 최소한의 조건으로 설치된, 바닥이 개방되고 작업실은 공기가 차 있으나 정수압을 받고 있는 간단한 구조의 작업실에서 이루어진다. 작업자들은 잠수 장비를 착용하여 작업을 실시하고 용접장비 및 용접부는 대기 중에 있게 된다.

(4) 대기압 건식용접(dry welding at one atmosphere)

용접은 용접실 외부의 정수압과는 관계없는 대기압 상태를 유지할 수 있는 밀폐된 압력용기 중에서 이루어진다.

(5) 물막이식 건식용접(cofferdam welding)

얕은 물에서 물막이 댐을 설치하여 주변의 물을 완전히 배제시킨 후 지상용접과 동일한 조건을 조성하여 작업을 실시한다.

7.2.2 수중용접 방법

수중용접은 크게 건식과 습식으로 구분되며, 용접 방법에 따른 특성을 감안하여 현장에 적용해야 한다.

1) 건식용접

수중 건식용접에 사용되는 일반적인 용접법은 GTAW(Gas Tungsten Arc Welding), SMAW(Shieded Matal Arc Welding), FCAW(Flux Cored Arc Welding)이 있다. GTAW는 고압조건하에서 아크가 안정적이고 조작이 간단하기 때문에 가장 빈번히 사용된다. GTAW는 열원의 독립적인 조작과 용접봉의 잠식속도가 여러 가지 루트(root) 개구부의 채움에 가장 적당한 용접법이다. SMAW과 FCAW는 높은 용접봉 잠식속도로 인하여 홈용접과 필렛용접에 적합한 방법이다.

(1) SMAW

SMAW는 강구조물 보수나 혹은 GTAW가 루트용접으로 사용된 후 파이프 라인의 채움이나 덧씌움 용접으로 흔히 사용된다. 수중용접 시 91m 깊이까지는 상업용으로 제작된 전극이 사용되며, 그 이상의 깊이에서는 특수하게 제작된 플럭스 코팅(flux coating)전극이 사용된다. 이 방법은 용접절차와 장비가 간단하고 비용이 적게 소요되며 대부분의 용접 작업자가 수행 경험을 가지고 있는 장점이 있다.

(2) GTAW

GTAW는 다른 방법에 비하여 압력이나 수심에 비교적 덜 민감한 용접 방법이다. 사용 장비는 SMAW에 비하여 조금 복잡하고, 보호 가스 성분과 유량이 아크 안정성에 가장 중요한 요소이다. 일반적인 적용에 불리한 점은 낮은 용착률과 고도의 용접 기술이 필요한 것이다.

(3) FCAW

FCAW는 GTAW나 SMAW에 비하여 훨씬 복잡하고 많은 장비가 요구된다. 상업용의 flux cored wire는 61m 깊이까지의 구조물 보수용 용접에서 좋은 결과를 준다. 특별하게 제작된 flux cored wire는 305m 깊이까지 사용이 가능하다. FCAW의 장점 중 하나는 얇은 고강도 강판을 보수할 때 높은 용착률과 높은 입열을 가진 것이다.

2) 습식용접

습식 수중용접은 용접부와 물 사이에 특별한 분리벽 없이 정수압을 받으면서 잠수부나 용접공에 의하여 수행된다. 아크와 용융부는 플럭스 코팅 전극이나 flux cored wire의 분해 시 발생되는 공기방울(gaseous bubble)이나 공기막에 의하여 수중환경으로부터 보호된다. 또한 물의 산소-수소 분해로 인한 공기방울도 아크와 용융부를 보호한다. 잠수부나 용접 작업자는 잠수 형태에 따른 잠수 장비를 착용해야 한다. 작업 장소의 수온과 환경에 따라서 잠수부나 용접 작업자는 건식, 습식, 온수에 의한 보온용 잠수복을 착용해야 하며, 핵발전소와 같은 구조물 근처에서 작업할 때에는 특별한 냉각용 잠수복을 착용해야 한다. 잠수복과는 별도로 작업자는 감전을 방지할 수 있는 고무장갑과 용접용 보안안경을 착용해야 한다.

습식 수중용접은 지상에서의 용접변수 외에 다음의 사항을 고려해야 한다.

(a) 용접부 주위의 정수압이 아크 플라즈마(arc plasma)를 수축시키고 에너지 밀도를 증가시켜서 아크의 불안정성을 증폭시킨다.
(b) 자기불림(magnetic arc blow)의 가능성이 높아진다.
(c) 증가된 압력에 의하여 용접 금속 내부의 탄소와 산소의 양이 증가하게 되고 망간과 규소의 양이 감소하게 된다.
(d) 물의 분해에 의하여 용접부의 수소 흡수가 증가된다.
(e) 주변에 존재하는 물에 의하여 끝없는 열의 흡수가 이루어져 냉각률을 조절하기가 어렵다.

종종 소홀히 하는 수중 습식용접의 다른 변수는 용접부와 용접 아크로부터 물을 밀어내어 용접부를 보호하는 공기방울이다. 용접부를 보호하는 공기방울의 양과 밀도는 주변의 압력과 깊이에 따라서 변화한다. 공기방울은 주변의 수압에 변화가 없음에도 불구하고 다소 불안정한 상태를 나타낸다. 이러한 변화는 공기방울이 주변의 표면장력에 의하여 결정되는 최대 크기까지 커지다가 터지는 작용을 반복하기 때문이다.

다음 표 7.1은 깊이에 따른 물의 끓는점을 보여주고 있다.

표 7.1 **해수환경하에서 깊이에 따른 정수압 변화에 대한 물의 끓는점 변화**

깊이	(feet)	0	33	165	330	1,000
	(m)	0	10	50	100	305
끓는점	화씨 온도(℉)	212	250	320	370	460
	섭씨 온도(℃)	100	121	160	188	238

3) 건식용접과 습식용접의 비교

건식용접과 습식용접은 다음 표 7.2와 같은 장단점을 가지고 있다.

표 7.2 **건식용접과 습식용접의 장단점 비교**

구분	건식용접	습식용접
장점	– 지상에서 사용되는 대부분의 용접 방법에 사용될 수 있으며, 용접의 품질도 우수하다. – 전열처리, 온도 유지, 후열처리를 위한 열처리 공정 및 장비의 사용이 가능하다. – HeO_2가 작업실의 유지를 위한 가스로 사용되는 경우를 제외하고는 용접부의 냉각속도가 지상용접과 동일하다.	– 용접부의 물을 배제하는 것이 어려운 복잡한 구조물에서도 작업이 가능하다. – 긴급상황이나 시간이 부족한 경우 잠수요원과 장비, 소모품 등이 즉시 현장에 투입되어 작업을 실시할 수 있다. – 대형 장비가 필요치 않으므로 별도의 장비 운반 및 설치를 위한 준비가 필요치 않다. – 작업시간 및 비용이 저렴하다.
단점	– 작업실의 설치를 위한 별도의 노력이 필요하다. – 수중구조물의 보수를 완료하는 데 소요되는 시간과 비용이 대단히 높다. – 가압 상태의 작업실에서 작업이 이루어지므로 안전상의 문제가 발생할 수 있다.	– 건식용접에 비하여 품질관리가 어렵고 용접부의 성능이 떨어진다. – 강이나 항만의 내부와 같이 시계가 불량한 장소나 유속이 빠른 장소에서는 작업이 어렵다. – 용접 방법이나 사용 장비에 제약이 많고 고탄소강에서는 수소 유입에 의한 균열이 발생한다.

제 8 장 목재 구조물의 수중부 보수·보강

8.1 손상의 방지

담수에 설치된 목재는 부패에 대한 방지가 필요하며, 해수에 설치된 목재는 부패와 해양생물에 대한 보호가 필요하다. 보호책은 방부처리와 유동막의 설치가 있다.

(1) 방부처리

방부처리는 오래전부터 사용된 방법으로 목재를 방부재에 담가서 일정 기간 보존한 후에 사용하는 방법이다. 오늘날 방부처리에는 많은 방법이 있으나 콜타르 크레오소트 처리법이 많이 사용된다. 미국의 목재방부학회는 콜타르 크레오소트 처리를 높은 온도에서 역청탄을 탄산화시켜 얻은 콜타르를 증류시켜 생성시킨 방부오일 처리로 규정하고 있다. 이러한 방부오일은 고체 혹은 액체상의 방향족 탄수화물로 구성되어 있으며 약간의 타르산과 타르염기를 포함하고 있다. 방부오일은 물보다 비중이 크며 최소한 섭씨 125℃ 이상, 보통 200℃ 내외의 끓는점을 가지고 있다.

콜타르 크레오소트 처리는 담수에 설치된 목재에 대하여 곰팡이류에 의한 부식에 효과가 크며, 해수에 설치된 경우 좀조개에 대해서는 큰 저항능력을 가지나 림노리아(limnoria) 대해서는 효과가 크지 않다. 해수에 설치된 목재가 두 가지 종류의 좀층류에 대하여 모두 저항력을 가지려면 이중처리가 필요하다. 이중처리는 우선 림노리아에 저항하는 독성물질처리를 한 후 콜타르 크레오소트 처리를 실시하게 된다.

방부처리는 전세포처리(full-cell process)와 빈세포처리(empty-cell process) 두 가지 공법으로 이루어질 수 있다. 전세포처리는 목재를 밀실에 넣고 공기를 제거하여 밀실을 진공상태로 만든다. 진공상태를 유지하면서 방부재를 밀실에 주입하여 가압한다. 이때 적절한 양의 방부재가 목재 내로 흡수되도록 시간을 조절하며, 남은 양의 방부재를 회수하기 위하여 진공상태를 그대로 유지한다. 전세포처리는 많은 양의 방부재를 필요로 하며, 빈세포처리는 초기에 진공상태를 유지하는 과정 없이 곧바로 방부재를 가압처리에 의하여 목재 내로 흡수시킨다. 충분한 양의 방부재가 목재에 흡수된 후 잔량의 방부재는 회수하고 방부처리를 끝낸다. 이때 방부재는 목재의 세포를 코팅하여 방부효과를 낸다. 목재의 방부처리 방법은 미국 목재방부학회에 의하여 표준화되어 있다.

(2) 보호필름(protective film)

기 설치된 파일의 경우는 보호필름으로 감쌈으로써 좀층류의 공격을 막을 수 있다. 보호필름의 설치 목적은 좀층류에 치명적인 혐기성 환경을 조성하는데 있다. 효과적인 혐기성 환경의 조성을 위하여 산소가 유입되지 않도록 보호필름을 단단히 파일에 밀착시켜서 감아야 하며 마찰이나 충격에 의하여 필름이 손상될 수 있는 환경에서는 보호필름의 사용을 자제해야 한다.

보호필름은 한 겹의 PVC 필름과 한 겹의 폴리에틸렌 필름으로 구성된다. 작업을 위하여 30mils(1/100 인치) 두께의 PVC 필름과 6mils(1/100 인치) 두께의 폴리에틸렌 필름을 준비한다. 방부처리 시 사용된 크레오소트로부터 PVC를 보호하기 위하여 폴리에틸렌 필름을 먼저 파일에 감고 그 위에 PVC 필름을 감는다. PVC 필름을 파일에 단단히 밀착시켜서 감고 그 위를 알루미늄이나 나일론 밴드 혹은 알루미늄 못을 이용하여 고정시킨다. 파일의 경우 세굴이나 조수간만 등을 고려하여 고수위선의 수십 cm 위에서 바닥선까지 필름을 감는다.

8.2 보수

일반적으로 단면손실이 20% 이상일 경우에는 콘크리트 덧씌움에 의하여 파일을 보강하는 방법이 많이 사용된다. 유동성의 혹은 단단한 거푸집을 파일 주위에 설치하고 트레미에 의해 콘크리트를 타설하여 덧씌움하며, 상세한 방법은 콘크리트 파일의 보수와 유사하다. 콘크리트가 목재 파일의 주변에 어느 한 면으로 치우쳐서 타설되지 않고 균등하게 설치되도록 주의해야 한다.

바다 좀층류에 의한 손상의 경우 전체단면의 15% 이내의 손상은 보호필름에 의하여 더 이상의 손상을 억제시킬 수 있다. 그러나 단면손상이 그 이상 진행된 경우는 파일의 손상부나 파일 전체 재시공이 필요하므로 단면의 손상이 진행되기 전에 시기를 놓치지 말고 보호필름을 설치하는 것이 경제적이다.

균열이나 쪼개짐은 손상부위에 압축링을 설치하여 보수할 수 있다. 압축링은 두 개의 반원 모양이나 혹은 사각형 모양으로 이루어지며 두 개의 반쪽을 볼트에 의하여 조여서 설치한다. 설치 시 목재의 손상을 막기 위하여 압축링과 목재 사이에 완충작용을 할 수 있는 부드러운 패드를 설치한다.

제 9 장 수중구조물의 보수 · 보강 적용

9.1 개요

수중구조물의 보수 · 보강을 적용함에 있어 국내에서 실시된 보수 · 보강 실례를 보강공법의 종류 및 결함 유형별로 공법을 참조하여 현장 특성에 맞게 적용해야 한다.

■ 보강공법의 종류

1) 시트 파일(sheet pile) 공법

시트 파일 공법은 구조물 본체에 손상이 있는 경우를 대상으로 적용할 수 있는 공법으로 종래의 교량 및 다기능 보 등에 기 시공한 예가 있다. 이는 시트 파일 항타 후 기초와 시트 파일 사이에 콘크리트를 충진하여 기초의 강성과 지지면적을 확장시켜 하부구조의 안정성을 증가시킨다. 그러나 경질지반과 암반에는 근입이 불량하여 확실한 보강이 어려우며 미관상 불량한 단점이 있다.

(1) 공법의 특징(water jet cutter & vibro hammer)

(a) 워터 젯(water jet)과 진동 해머(vibro hammer)의 동시작용으로 암반층까지 시트 파일 근입 가능

(b) 베이스 머신(base machine)은 붐(boom)식 크레인(crane)을 사용하여 작업반경이 넓

고 예산이 절약됨.

(c) 항타 시 말뚝의 회전 발생 경우가 적고 연직성 확보가 용이함.

(d) 선박 항타 시공 시 장비를 항타선에 설치함으로써 집중 조작이 가능하며 시공장비 관리를 용이하게 함.

(2) 시공순서

(a) 시트 파일 항타(J.V 공법 사용)

(b) 수중 콘크리트 타설(안정성 여부 판단 후 시공)

(c) 양수작업 및 우물통 기초 확인

(d) 기초저면 그라우팅

(e) 채움 콘크리트 타설

2) 다단식 보강공법

다단식 보강공법은 본체 저면에 세굴이 발생한 구조물을 대상으로 적용하며 구조물 등의 하자보수 공사 시 큰 효과를 나타냈던 공법으로, 수중 불분리성 콘크리트를 사용하여 저면 세굴부위를 충진하는 공법인데 세굴 방지공이 병행되어야 더욱 큰 효과를 나타낸다.

(1) 공법의 특징

(a) 수중에서 재료분리가 일어나지 않고 수평을 잡을 수 있는 수중 불분리성 콘크리트 사용

(b) 수중 불분리성 콘크리트를 타설하기 위한 거푸집 역할로 프리플레이스트 콘크리트 사용

(c) 공사장비가 간단하고 공사기간 단축

(2) 시공순서

(a) 하상 정지작업

(b) 프리플레이스트 콘크리트를 구조물 주위에 적치하여 차단막을 형성

(c) 구조물 세굴 저면에 그라우팅 파일 설치

(d) 마대 콘크리트와 구조물 사이의 공간에 수중 불분리성 콘크리트 타설

(e) 그라우팅 파이프를 통하여 모르타르 주입

(f) 세굴방지공 설치

3) 수중 철판 거푸집 재하공법

수중 철판 거푸집 재하공법은 육상에서 분할된 철판 거푸집을 제작하여 수상에서 조립하고 하상에 재하 설치한 후 구조물 기초와 철판 거푸집 사이에 수중 콘크리트를 타설하여 소기의 목적을 얻을 수 있는 공법으로 시공성이 용이하다. 암반지반과 연결문제는 수상 천공작업으로 철재를 매설하고 그라우팅 또는 콘크리트를 타설하여 연결시켜 보강효과를 얻는다.

(1) 공법의 특징

(a) 공사비가 저렴하고 시공이 단순함

(b) 철판 거푸집을 별도로 육상 제작하므로 공사기간 단축 가능

(c) 수중 콘크리트의 유실 우려가 있음

(d) 하저면에 설치할 경우 세굴이 발생하므로 반드시 세굴 방지공 설치 및 유지관리 필요

(2) 시공순서

(a) 철판 거푸집 제작

(b) 하상정지작업

(c) 철판 거푸집 수중 설치

(d) 철판과 하상 틈 사이에 프리플레이스트 콘크리트 설치

(e) 수중 콘크리트 타설

▌결함 유형별 보강공법

상기 보강공법은 각 구조물의 손상 유형에 따라서 독립적으로 또는 복합적으로 사용되어 세굴 방지공과 병행될 때 극대의 효과를 얻는다. 손상의 유형별 분류에서 손상 유형에 따른 대표적인 보강방안은 다음과 같다.

(a) 구조물 본체 손상 : 시트 파일 보강 또는 철재 거푸집 보강

(b) 구조물 저면 세굴 : 다단식 보강

(c) 미관제고공의 손상 : 철재 거푸집 보강

(d) 보강 확장부위의 세굴 : 다단식 보강

9.2 세굴 방지 공법

구조물 주위의 국부적 세굴을 방지하기 위한 방법으로는 사석을 포설하거나 콘크리트 블록 설치, 돌망태 설치, 강관박스 설치 등의 방법이 있으며, 각 공법의 특징을 참조하여 적용해야 한다.

(1) 사석공

수중작업 시에도 비교적 시공이 용이하며 세굴 보호공으로 많이 사용하는 공법으로 하상변동 및 포설 끝단에서 세굴될 경우에는 안정성이 높고 보수가 용이하다.

(2) 콘크리트 블록공

콘크리트 블록(육각, 십자, 격자블록 등)을 육상 제작하여 포설하는 공법으로, 규격품 제작이 용이하고 육상작업 시 유심구간이나 유속이 빠른 곳의 세굴에 대하여 비교적 안정된 공법이다.

(3) 돌망태 공

철선의 망태 속에 호박돌 크기의 석재를 넣어 포설하는 공법으로, 굴요성이 좋고 일체화되어 포설 초기에는 안정된 공법이나 장기적으로는 망태(철선)가 부식되어 내구성이 크게 떨어진다.

(4) 강관박스 공

하상에 소요중량의 사석을 포설하고 그 위에 사석을 채워 넣은 강관박스(사석포함 중량 1.5t)를 올려놓고 고정시키는 방법으로, 수중보 상류구간 등 유속의 흐름이 복잡하고 유속이 빠른 지점에 포설하는 공법이다.

(5) 기타

이 외에 구조물의 상류부에 방호물(낙차공 등)을 설치하는 방법, 주 구조물 상류 쪽으로 점점 작은 구조물을 보조적으로 설치하는 방법, 구조물 주변에 수직의 파일을 설치하는 방법 등이 있다.

참/고/문/헌

1) 한국수자원공사, "3D음향탐사기를 활용한 수중구조물 손상상태 점검방안 연구", 2012.
2) 건설교통부, "(댐)안전점검 및 정밀안전진단 세부지침", 2003.
3) 건설교통부, "장비를 이용한 교량 점검 및 수중부 교량 하부구조 점검지침", 1999.
4) 한국도로공사, "서해대교 수중부 교각 수중정밀조사 용역 보고서", 2003.
5) 시설안전기술공단, "댐의 안전진단", 1996.
6) 시설안전기술공단, "충주 다목적댐 정밀안전진단 보고서", 2002.
7) 한국수자원공사, "댐 안전도 지침(DAM SAFETY MANUAL)", 1989.
8) 한국수자원공사, "수력발전소 자료집(Ⅰ, Ⅱ)", 1993.
9) 한국전력공사, "댐 안전도 평가 및 유지관리 방안 연구", "댐 안전도 평가 및 유지관리 방안 연구(삼랑진 양수발전소 상하부댐 - 부록Ⅰ)", "댐 안전도 평가 및 유지관리 방안 연구(댐 안전유지관리 지침(안) - 부록Ⅱ)", 1993.
10) 日本 土木學會, "新 土木工學", 1983.
11) ICOLD Bulletin 59, "Dam Safety Guidelines", 1987.
12) U.S. Department of Transportation Federal Highway Administration "Scour Monitoring and Instrumentation Demonstration Project 97", 1995.
13) Washington D.C., "Underwater Inspection and Repair of Bridge Substructures", 1988.
14) ACI Committee 546, "Guide to Underwater Repair of Concrete"
15) ACI "Concrete Repair Manual"

KCI 115 - 수중콘크리트구조위원회(2014.12 현재)

직위	성명	소속	성명	소속
위원장	김완영	한국수자원공사 K-water연구원		
부위원장	원종필	건국대학교		
간사	최병한	한국농어촌연구원		
	최세진	원광대학교		
위원	이성로	목포대학교	이충현	한국시설안전공단
	김성욱	한국건설기술연구원	이호진	충북대학교
	김지상	서경대학교	이부길	㈜제이엔티아이엔씨
	강봉구	건양대학교	박홍기	쌍용건설(주)
	이백	한국농어촌연구원	강종만	한국도로공사
	전시홍	브이에스엘코리아(주)	구남실	한국토지주택공사
	임광모	수원대학교	김강민	동양시멘트(주)
	박현우	부경대학교	김민수	삼성물산(주)건설부문
	소병탁	상명대학교	김석주	월성원자력본부
	송승원	한국중부발전(주)	박재성	도화엔지니어링
	여경환	울산대학교		

콘크리트 실무지침

수중구조물의 점검 및 보수보강 지침

2014년 12월 25일 1판 1쇄 인쇄
2014년 12월 30일 1판 1쇄 발행

관리주체 사단법인 한국콘크리트학회
서울특별시 강남구 테헤란로 7길 22
한국과학기술회관 신관 1009호
TEL. 02)568-5984~7
FAX. 02)568-1918

출판보급처 기 문 당
서울시 성동구 무학봉 28길 4-1
TEL. 02)2295-6171(代)~5
FAX. 02)2296-8188

출판등록 1976. 10. 7 (1-44)

홈페이지 http : // 기문당
http : // www.kimoondang.com

I S B N 978-89-6225-680-2 93530

정 가 10,000원

이 책의 무단 복제를 절대 금합니다.